U0274667

视觉环境感知技术

场景语义解析方法与应用

陈启军　刘成菊　闫卿卿　李树　著

清华大学出版社

北京

内 容 简 介

本书深入探讨视觉环境感知领域中的关键技术——场景语义解析的前沿方法和应用。全书共 8 章。第 1 章介绍场景语义解析的研究背景及基本概念，评述了国内外在该领域的研究现状与技术瓶颈。第 2~6 章详细介绍作者针对场景语义解析任务的核心研究成果，包括网络信息流传递机制、空间多尺度特征学习、频域下高效知识表征、幅-相感知与高分辨率语义生成、模型训练动态优化等前沿方法。第 7 章通过多个典型真实场景案例的应用与分析，展示这些技术在自动驾驶、智能监控等多个领域的应用价值和推广意义。第 8 章总结全书，并展望场景语义解析技术的发展趋势和研究热点，为未来研究工作提供参考和启示。

本书适合视觉环境感知领域的研究人员、工程师以及相关专业的学生阅读参考。

图书在版编目(CIP)数据

视觉环境感知技术: 场景语义解析方法与应用/陈启军等著.
北京: 清华大学出版社, 2025. 2. -- ISBN 978-7-302-68267-7

　Ⅰ. TP302.7

中国国家版本馆 CIP 数据核字第 20255038S3 号

责任编辑：崔　彤
封面设计：李召霞
责任校对：王勤勤
责任印制：杨　艳

出版发行：清华大学出版社
　　　　　网　　　址：https://www.tup.com.cn, https://www.wqxuetang.com
　　　　　地　　　址：北京清华大学学研大厦 A 座　　　　邮　　编：100084
　　　　　社 总 机：010-83470000　　　　　　　　　　邮　　购：010-62786544
　　　　　投稿与读者服务：010-62776969, c-service@tup.tsinghua.edu.cn
　　　　　质量反馈：010-62772015, zhiliang@tup.tsinghua.edu.cn
　　　　　课件下载：https://www.tup.com.cn,010-83470236
印 装 者：小森印刷霸州有限公司
经　　销：全国新华书店
开　　本：170mm×230mm　　　印　张：12.75　　　字　　数：214 千字
版　　次：2025 年 2 月第 1 版　　　　　　　　印　　次：2025 年 2 月第 1 次印刷
印　　数：1~1000
定　　价：89.00 元

产品编号：105707-01

前言

随着机器人与人工智能技术的发展，自主智能系统在现代工业、国防及日常生活等领域取得了广泛应用。场景语义解析，又称场景理解或语义分割，是视觉环境感知的核心问题与基础性关键技术，旨在通过对复杂的自然图像进行像素级分类，将视觉传感器数据转换为符合人类认知与表述习惯的知识描述，即识别场景中的物体、属性、关系、动作等语义要素，从而赋予自主智能系统环境感知能力。鉴于自主智能系统工作场景复杂、动态性强、响应要求迅速，但计算资源受限、成像质量难以保证等特点，如何实现准确、鲁棒且泛化性强的视觉场景语义解析是提升自主智能系统环境感知能力、自制能力和执行能力的关键难题。

本书主要从理论与方法的角度，系统地介绍了场景语义解析的基本概念、主要挑战、前沿方法，以及在典型自主智能系统上的应用等内容，旨在为广大读者提供一本全面而深入的专著，以满足科研实践与人才培养需求。本书适合作为相关领域科研人员、工程师及相关专业学生的指导书或参考书。

全书共8章。第1章阐述本书研究背景及意义，介绍视觉环境感知中场景语义解析的关键技术、国内外研究进展以及本书的研究内容。第2章针对场景语义解析模型在信息传递过程中存在不可避免的信息损失问题，介绍本书提出的基于"全息"网络架构的网络信息流传递机制。第3章针对场景语义解析模型在多维特征提取时面临的多尺度特征轻量提取与去冗表征问题，介绍本书提出的基于邻域解耦-耦合的空间多尺度表征学习算法。第4章针对场景语义解析模型在知识表征利用过程中，高维知识的低效挖掘与信息过载问题，介绍本书提出的基于频域学习的知识空间拓展挖掘与高效融合算法。第5章针对场景语义解析模型在高分辨率语义生成阶段面临的高级语义与精细定位的矛盾统一问题，介绍本书提出的基于幅-相感知的语义-定位解耦表征算法。第6章针对场景语义解析模型在训练优化时遭受的数据依赖和网络退化问题，介绍本书提出的基于结构重参数化的训练动态优化与泛化能力提升算法。第7章针对实际自主智能系统中特定硬件平台的计算特性，归纳总结高效深度网络模型设计方法、部署策略，介绍相关典型应用案例。第8章对全书内容进行总结并对场景语义解析未来的发展趋势与研究热点进行展望与讨论。

　　本书为单色印刷，部分图片显示效果欠佳，读者可扫描二维码查看彩色图片。

　　本书的主要内容来自闫卿卿、李树的博士学位论文，由陈启军、刘成菊、闫卿卿汇总整理。本书中的研究得到了国家自然科学基金重点项目62333017、62233013的资助。

　　在此谨向对本书撰写提供支持与帮助的科研单位、研究人员，以及提出宝贵意见的专家、学者表示诚挚的谢意。

　　限于作者水平，书中错误与疏漏在所难免，恳请各位读者不吝指正。

作　者

2024 年 12 月 20 日

目 录

第1章

绪　　论

1.1　背景与意义

自主智能系统要求机器人、计算机等智能载体能够模仿人类，具有对外界视觉、听觉、触觉等信息进行感知、分析、决策等的能力。其中，视觉场景语义解析技术作为复杂动态场景感知与理解的重要手段，在智能系统中占据重要地位，现已广泛应用于现代工业、国防及日常生活领域。因此，研究场景语义解析理论与算法，提高场景语义解析能力是提升自主智能系统感知能力、自制能力和执行能力的首要途径。图1.1展示了视觉场景语义解析算法在自主智能系统中的应用案例。

场景语义解析，又称语义分割，是视觉环境感知中的核心问题与基础性关键技术。场景语义解析算法旨在利用语义标签对图像进行像素级分类，从而将视觉传感器原始数据转化为符合人类认知与表述习惯的知识描述，进而赋予机器模仿人类理解环境的能力。通过像素级分类，场景语义解析为自主智能系统提供区域划分、目标识别、状态描述等基础知识，从而引导自主智能系统完成可行域分析、前景提取、目标跟踪、图像检索等上层视觉任务。

场景语义解析是一个涉及图像预处理、网络特征提取、高分辨率恢复、多尺度融合等复杂过程的稠密预测型任务。而自主智能系统的工作场景往往背景复杂、动态性强，对算法响应速度要求极高；同时也存在计算资源受限、成像质量难以保证等限制。因此，提高场景语义解析能力的关键是实现相关算法准确性、实时性、鲁棒性，以及泛化能力的同步提升。

得益于深度学习理论与方法的日益发展与日渐完善，基于深度卷积神经网络的场景语义解析技术取得了长足进展，图1.2描绘了典型场景语义解析算法组成，

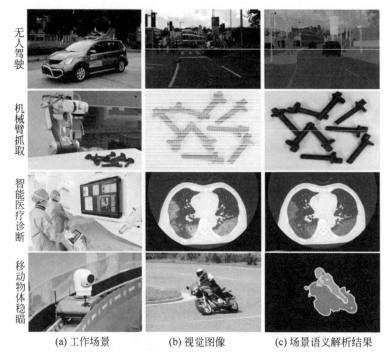

(a) 工作场景　　　　　(b) 视觉图像　　　　(c) 场景语义解析结果

图 1.1　视觉场景语义解析算法在自主智能系统中的应用案例

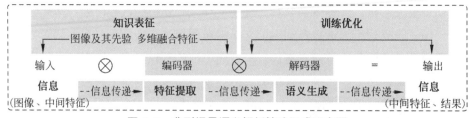

图 1.2　典型场景语义解析算法组成示意图

其中网络输出由输入与编码-解码模型权重计算而来。具体地，输入为原始图像或网络中间层特征图，输入信息经一系列卷积运算转变为输出信息的过程，称作信息传递；编码器网络架构从原始图像输入中提取高级特征，并将其压缩成一个低维向量的过程，称为特征提取；图像及其先验表达以及对提取特征的融合利用，称作知识表征；语义生成是指解码器综合利用网络模型提取到的多层级、多尺度特征，生成符合人类表述认知的语义输出；而根据已知标签求解模型参数的过程，则称为训练优化。以上过程相辅相成，共同构建了场景语义解析算法。本书也围绕网络信息传递、多维特征提取、知识表征利用、高分辨率语义生成、模型训练优化五方面展开研究。

目前针对场景语义解析算法的研究方兴未艾，但现有算法及其应用仍不成熟。现有方法在网络信息传递、多维特征提取、知识表征利用、高分辨率语义生成、模型训练动态等方面仍存在诸多矛盾与瓶颈。具体问题描述如下。

在网络信息传递方面，现有算法常为追求实时性而以牺牲图像输入分辨率或中间特征图分辨率为代价，从而造成信息损失，最终导致预测精度降低。大尺度图像及其高分辨率输出为深度网络模型引入复杂度为 $\mathcal{O}(n^2)$ 的巨量计算，影响了整体算法的实时性。缩小输入图像尺寸或模型中间特征图尺寸，能够有效加速模型计算，却不可避免地造成小物体及细节边界的信息损失。然而小物体和边界信息的精确识别对于自主智能系统通常至关重要，例如无人驾驶车辆对远处红绿灯、小信号牌的检测关系到驾驶安全与决策，医学影响分析对微小血管、血栓的判别关系到诊断结果与病人安危，测量系统对细节边界的感知关系到计量的准确性、可信度等。因此，亟需一种既能有效减轻运算负担，又能保留信息完整性的网络信息传递机制，以满足场景语义解析算法在大尺度输入下对网络运算实时性及高分辨率输出细节准确性的需求。

在多维特征提取方面，现有算法在多尺度表征学习时往往忽略了特征图的空间冗余，从而造成大量特征冗余和参数浪费，降低了网络的学习和推理效率。一方面，由于卷积的局部感知特性，网络难以通过少数小卷积核在大尺寸特征图上提取有效特征。例如，浅层网络特征图几乎只含重复的边缘信息，造成参数浪费。另一方面，通用多尺度特征提取与融合框架带来了大量特征冗余和额外的计算负担。例如，大面积区域无论在何种尺度下都呈现几乎一致的表征，而池化金字塔和特征金字塔等多尺度学习手段则因多次在同一输入上进行特征提取而消耗大量计算资源。因此，亟需一种轻量高效的具有低特征冗余、高模型容量的特征提取方案，以同时满足自主智能系统工作场景对轻量化模型和多尺度表征的需求。

在知识表征利用方面，现有算法往往专注于在原始图像上进行特征学习，然而轻量化的卷积网络难以实现高质量的高维信息学习，破坏了特征的一致性和鲁棒性。现有深度网络致力于使用全卷积模型拟合全部所需高维图像信息，然而这需要巨大的参数量和复杂的训练过程。事实上，深度学习算法应回顾、借鉴、吸收传统机器视觉的优势与智慧，寻求二者的辩证融合。传统机器视觉方法虽在准确率上不及深度学习网络，但在提取并利用高维信息方面具有快速、稳定、可解释性强等独到优势。典型方法包括积分图变换、傅里叶变换、梯度变换（SIFT、SURF、HOG特征）等。这些图像变换能够以较低的运算代价获取稳定、鲁棒、具有特定模式的高维信息表征空间。因此，亟需拓展深度网络所学习的知识空间，以通过对不同知识空间的集成学习，获取具有一致性、鲁棒性的高维信息表征。

在高分辨率语义生成方面，现有算法针对高级语义与精细定位之间的内在矛盾，往往倾向于二者之间的过度补偿或极限权衡，从而导致生成标签的语义超调与定位失准，限制了生成结果的质量和精度。场景语义解析中的语义标签生成往往需要同时捕获高级语义与精细定位信息，然而深度网络模型的特征提取具有浅层定位信息丰富但语义性差而深层语义信息强但定位能力差的特点，因此场景解析结果生成过程中的语义-定位建模存在天然矛盾。现有方法通常在图像域特征空间中以高低层特征融合进行语义-定位信息互补时，不可避免地引入层级固有偏差，从而造成二者的此消彼长。因此，亟需探索一种可消解语义-定位冲突的高分辨率语义标签生成算法，通过对语义-定位的解耦表征与并行优化，以同时满足场景语义解析结果对分类一致性与定位准确性的需求。

在模型训练动态方面，现有算法往往将训练好的模型直接用于实际部署，然而直接应用的模型往往由于数据-标签噪声、训练集和工作场景数据分布不一致等问题，面临泛化能力差的困境。针对这一问题，现有方法常使用数据增强、显式添加正则项、收敛性判断与提前训练终止等手段来避免过拟合。然而，以上方法主要通过判断或改变外部条件来抑制过拟合现象，没有从改变网络内部训练动态的本质解决问题。深度网络模型泛化能力差、过拟合的根本原因是网络参数在训练时过分依赖数据，不仅学习了具有代表性和辨识性的特征，也学习了背景、噪声等无关信息，造成推理时关键特征提取性能不佳。因此，亟须改善网络训练动态，使网络能够抓住模式的本质特征，抑制噪声及分布偏移干扰，以提升场景语义解析算法的泛化能力。

针对以上瓶颈与挑战，本书拟研究网络信息流完整性传递机制，构建空间解耦的多尺度表征学习框架，拓展频域知识空间学习与高效特征融合，消解语义-定位冲突并生成高分辨率语义标签结果，引入结构重参数化改善训练动态与泛化能力，并在实际自主智能系统上进行算法测试、给出算法部署与应用实例，从而提升自主智能系统场景语义解析算法的准确性、实时性、鲁棒性以及泛化能力。

1.2 国内外研究现状

场景语义解析算法是自主智能系统进行视觉环境感知的关键技术，由于其快速增长的实际应用需求，已经引起了越来越多的关注。针对场景语义解析算法的信息处理与传递、高效多尺度特征提取、高维知识表征与利用、高级语义生成及网络训练动态改善等方面，国内外已有部分研究，但无论在理论基础还是应用成果上，场景语义解析算法均有广阔提升空间。

1.2.1 视觉场景信息处理与传递

场景语义解析作为一项稠密的像素级分类任务，其目的是为图像的每个像素分配一个语义标签。因此，通过良好的信息传递机制，确保重要视觉特征的保留及精细边界特征的恢复，对实现准确的像素级语义理解至关重要。在场景语义解析算法中，信息处理与传递主要涉及上下采样及跳跃连接等操作。

首先，在场景语义解析任务中，下采样操作作为必要特征降维技术，用于降低输入图像的分辨率并提取更高层次的抽象特征。由于原始输入图像在空间、结构和知识等方面具有非常高的冗余度和相关性，因此现有方法通常采用快速下采样等手段来突出高分辨率图像的主要特征并节省计算成本。

对输入图像进行快速下采样的结构通常被称为输入预处理模块，现有方法主要可分为以下三种类型。第一种是使用一个大卷积核（通常大小为7×7）并级联一个步长为2的最大池化层（MaxPooling），然后紧接着利用几个ResBlock或自定义块来获得输入图像的初始特征。这类方法的典型代表包括ResNet[1]、ResNeXt[2]、DenseNet[3]以及GoogLeNet[4]等。这类方法虽在初始阶段能够捕获较大的感受野，但却由于卷积核较大，会消耗大量计算，进而降低最终的推理速度。第二种是使用连续的3×3卷积或步长为2的模块作为预处理模块，例如HRNet[5]、MobileNet[6-7]、ShuffleNet[8]、GhostNet[9]、STDC[10]、Fast SCNN[11]等方法中所使用的结构。虽然这种方法能够以相对较小的计算进行快速下采样，但是不能获得足够的感受野来捕获有效的上下文信息。第三种方法是以Inception[12-13]、ENet[14]和ERFNet[15]等为代表，通过使用并行多分支卷积并级联池化层的结构，来实现轻量级的计算量。然而除了感受野有限外，在网络的前期使用最大池化层还可能会导致细节纹理丢失，从而影响后续的感知。

其次，由于高分辨率输入图像要求同样高分辨率的语义输出，且具有不同空间分辨率的输出特征图不能直接融合，因此现有方法通常采用上采样方法将低分辨率的特征映射扩展到与输入图像相同的分辨率以增强语义信息并恢复部分细节信息。

现有上采样方法通常包括以下两种类型，基于上池化或线性插值的方法和基于转置卷积等深度学习的方法。其中，基于上池化或线性插值的方法由于操作简单且计算量较低而被广泛使用，然而这类方法往往会破坏原图像像素的渐变关系从而丢失一些细节信息，特别是图像边缘信息。基于深度学习的方法，最早以转置卷积[16]为代表方法，通过学习的方式来实现特征图的上采样以恢复细节信息，然而该方法会引入棋盘效应或产生伪影等问题。为此，后续工作[17]提出了一种可以任意尺度缩放的方法，利用外部推荐网络，来推荐放缩的权值及像素的对应关系，可实现较好效果的非整数的放缩。CARAFE[18]则提出构建一种基于内容感知并重组特征的上采样方法，该方法由两部分组成，一个是核预测模块，用于生成用于重组计算核上的权重，另一个是内容感知重组模块，用于将计算到的权重将通道重组成一个 $k \times k$ 的矩阵作为核与原本输入的特征图上的对应点及以其为中心点的 $k \times k$ 区域做卷积计算，获得输出。这些方法通常能够有效恢复细节信息，但通常会产生额外的计算成本，且在处理复杂场景时效果可能有限。为减小计算负担，一些工作提出像素重排操作[19]，并基于此提出亚像素卷积及其变种[8,20]将低分辨率的特征图转换为高分辨率的特征图，这种方法可以有效地恢复图像细节。

此外，场景语义解析任务中，跨层级的信息传递允许不同尺度的特征图之间进行有效的信息融合与处理。跳跃连接作为一种常见的方法，它通过直接连接网络中较深层与较浅层之间的路径，来保持信息的流动并减少梯度消失的问题。由于跨层级信息融合涉及多分辨率特征，现有的场景解析模型主要采用以下两种类型，一种是基于特征金字塔网络（FPN）[21]的自上而下的信息传递策略，如一些典型的编码器-解码器结构模型[22-26]；另一种是基于HRNet[5]的自下而上的多分支信息传递策略，这类方法[11,27-29]往往包含多个不同分辨率并行编码通路，而不同分辨率特征图在自下而上过程中进行快速融合。然而简单的融合方法往往会带来语义混淆以及难以进行特征对齐的问题。为此，探索如何在不同尺度的特征图之间实现更有效的信息融合，以及如何设计网络结构以最小化信息在传递过程中的损失仍是场景语义解析研究中的重要挑战。

1.2.2 高效多尺度特征提取框架

非结构化的复杂场景往往包含不同大小和形状的对象和区域，这给自主智能系统的视觉感知任务带来了多尺度的学习挑战。例如，具有相同物理尺寸的汽车在相机图像中具有远小和近大的特征；另一个例子是杆子，其高度可能有数百甚至数千像素，而其宽度可能只有几到几十像素。因此，多尺度学习在许多语义分割的工作中具有至关重要的作用。现有的多尺度特征学习方法主要可以分为三类：多尺度输入、多尺度融合和多尺度检测。

图像金字塔是典型的多尺度输入。传统用于特征提取的SIFT[30]算法、人脸检测的MTCNN[31]算法以及语义分割的ICNet[32]、MSCFNet[33]算法等均采用图像金字塔结构作为多尺度输入，并取得了良好的效果。然而，多尺度输入带来了特征和计算冗余，影响了效率。

对于多尺度融合，通常有两种类型：一种是并行多分支网络，另一种是具有跳跃连接的串行结构，两者本质上都是在不同的感受野下获得特征。多分支结构是由GoogLeNet[4]首次提出的，它通过利用多分支上的不同卷积核大小来获得不同的感受野。随后，以ASPP[34]和PPM[35]为代表的一系列多尺度学习模块及其变体[36-38]被应用于语义分割或目标检测任务中，并产生了显著影响。此外，HR-Net[5]提出的并行多分辨率结构为多尺度特征融合提供了一种新的思路。串行结构由FCN[11]和UNet[22]首次提出，后来发展了以BiSeNet[28,39]、Fast-SCNN[11]为代表的并行双路径方法，大幅提高了分割效率。这种结构融合了位置信息和语义信息，更有利于边界敏感任务。然而，多分支结构倾向于对同一输入执行多次特征提取，这会增加网络计算并导致通道间的特征冗余。而融合不同层次信息的串行结构很容易造成语义和位置混淆。

由于可以融合不同尺度的特征，因此也可以在不同级别进行预测，即多尺度检测，以FPN[21]、ABNet[40]和SSD[41]为代表。多尺度检测也面临着与多尺度融合相同的问题，对于边界敏感的任务来说效果不佳。

启发于多分支结构在场景语义解析任务上取得的显著成就以及多形状卷积核在多尺度特征提取上的良好效果，本研究工作在特征提取模块中，通过对多个缩略图应用多分支策略，并利用多种卷积核进行多尺度特征提取，从而用较少的运算量获取较丰富的特征。对应研究方法同样采用了多分支多卷积核的多尺度学习策略，但与现有方法对同一输入上进行多次卷积不同，本研究利用缩略图来近似原图，并利用不同卷积在不同缩略图上进行特征提取，从而在避免冗余计算量的同时获取多尺度表征。

1.2.3　高维知识表征方法

计算机视觉技术本质上是代替人眼对自然界视觉信息进行有效地捕获与处理，从而让信息具有更直观的表现力。实际上，人眼是通过光来感知世界（图像），而计算机则是将光根据颜色、亮度等信息转化为可存储的数据（栅格化的像素点），而后通过处理和分析完成特定的感知任务。随着CNN在视觉领域的迅速发展，现阶段的计算机视觉算法中，以图像为例，模型的输入数据基本都是图像本身，后续的各项处理与计算也大多都在图像的空间域进行，最终获得良好的感知结果。然而，这样的方法事实上并不能充分利用图像所储存的隐含重要信息，如频率域信息。事实上，频率域信息在一定程度上能够表征图像的结构特征。

在图像处理中，频域反映了图像在空域灰度变化剧烈程度，即图像灰度的变化速度，换言之为图像的梯度大小。对图像而言，图像的边缘部分是突变部分，变化较快，因此反映在频域上是高频分量；图像的噪声大部分情况下是高频部分；图像平缓变化部分则为低频分量。

频域信息作为图像的另一种表征方式，已有很多方法能够将图像从空间域的灰度分布转化到频率分布上来提取特征，如傅里叶变换（FFT）、小波变换（WT）、离散余弦变换（DCT）等。基于此，研究者们通过频域变换来改进或辅助传统的基于深度学习的视觉任务。其代表性工作的主要应用领域包括：利用图像JPEG压缩过程的频域变换实现网络加速、利用频域参数实现模型压缩、利用频域先验优化网络结构等。

首先，启发于图像在JPEG压缩过程中，将RGB图像转化到YCrCb颜色空间，随后再将各自通道进行离散余弦变换转换到频域的思想，研究者们提出基于离散余弦变换对输入图像进行压缩。如Gueguen等[42]提出并验证了直接在作为JPEG编解码器一部分进行计算的分块离散余弦变换（DCT）系数上训练CNN的方法，但该方法不适用于其他的计算机视觉任务，如检测、分割等。后Xu等[43]考虑到大多数CNN模型的下采样操作会不可避免地导致信息丢失和精度下降这一问题,在Gueguen等[42]所提方法基础上,提出了一种基于频域学习的动态频率分量选择方法,在不改变现有网络结构且不增加计算量的前提下显著提高了图像识别的精度,并将其扩展到了目标检测及语义分割等高级视觉任务中。而Ehrlich等[44]则提出了一种从空间域到JPEG变换域的无损模型转换算法,该方法通过利用JPEG变换的线性度来重新定义卷积网络中的卷积和批归一化操作,将空间域的残差网络转换到JPEG域来实现JPEG压缩图像的免解压缩处理与学习。结果证明该方法能够提升网络的训练及推理速度。

其次,一般地,频率域中的信号的主要能量集中在低频阶段,而冗余信息往往处于高频阶段,为此一些研究者们便提出利用频域变换实现模型压缩,从而加速网络运算。具体地,一些研究[45-46]建议通过卷积定理利用快速傅里叶变换来加速卷积运算。此外,CNNpack[47]通过引入一个额外参数来控制卷积核在DCT频域上的稀疏程度,来减少空间与频域之间的冗余,从而实现精度几乎无损情况下的网络压缩。而Chen等[48]提出了一种基于频率感知的散列网络,通过将卷积权重利用离散余弦变换转换到频域,并利用低成本散列函数随机分组频率参数进入散列桶,然后分配给相同散列桶的所有参数共享反向传播学习到的单一值,从而大幅降低了网络内存占用量和存储消耗,实现了更好的网络压缩性能。而Lo等[49]利用了DCT系数的频率结构,通过重排DCT系数到通道维度来实现语义分割任务,该方法能够在大致相同的复杂度下实现接近RGB模型的精度。Liu等[50]提出了一种利用CNN空间相关性的频域动态剪枝方法。其中,频域系数在每次迭代中进行动态剪枝,不同频段对精度的重要性不同,对不同频段进行有区别的剪枝。实验结果表明,频域动态剪枝显著优于传统的空域剪枝方法,且对ResNet-110网络能够在精度无损的前提下实现8倍的系数压缩和8.9倍的计算加速。然而基于频域的方法会破坏原来的卷积神经网络的计算方式,不利于算法部署与加速。

对于自然图像而言,空间域信息的特征在于相邻像素的关联性较大,而频域信息的特点在于信息相对集中在低频,分布相对更稀疏。为此,很多研究建议基于频域分析利用频域先验来优化现有网络。如,FcaNet[51]从频率分析的角度将通道注意力机制中的通道表征问题看作一个压缩过程,证明了传统的全局平均池化是频率域特征分解的特例,并提出了基于频域的多光谱通道注意力模块。FSDR[52]提出了一种新的频域-空间域随机化技术,该技术能够将图像分解为域不变特征和域变化特征,允许对它们进行显式访问和操作,并更好地控制图像随机化;且该方法对图像语义和领域不变特征的影响最小。Jiang 等[53]则是提出了一种新的用于图像重建和合成的焦频损失函数,通过降低容易合成的频率分量的权重的方式,来使模型自适应地聚焦于难以合成的频率分量,从而改善图像合成质量。而 Cai 等[54]则直接提出了一种新的基于频域的图像翻译框架,通过将图像分解为低频和高频分量,并利用高频特征来捕获原图像的结构等细节信息,从而增强图像生成过程。此外,还有一些研究将频域处理技术应用于视觉下游任务,如图像恢复[55]、图像去噪[56-58]等领域。

1.2.4　高分辨率语义生成技术

场景语义解析的核心目标是生成同时具有高级语义与精细定位的高分辨率语义标签结果。然而,基于深度卷积神经网络的骨干网络架构进行特征提取过程中,具有强语义信息的特征图一般分辨率较小,恢复到高分辨率时由于缺乏足够的边界与空间结构信息,导致边缘模糊与细节失真,从而难以获得目标的准确定位,尤其是小或窄的这类对细节要求较高的目标;反之,高分辨率的特征图由于弱语义表征,很容易受到光照变化及图像噪声等影响导致不可靠的预测结果。

为解决该问题,很多方法致力于设计复杂的空间解码器对低分辨率高级语义特征进行分辨率恢复,其关键在于补偿特征提取过程损失的空间定位细节信息,如结构、边缘等。对于高分辨率语义生成,现有方法可分为三种。

(1)基于 CNN 的上采样方法。FCN[16]首次使用反卷积层将最后一个卷积层的特征图上采样到原始图像大小,并使用跳跃连接将不同层级的特征融合起来,提高分割精度;SegNet[23]在上采样过程中使用了池化索引来保留边缘信息,并减少了参数数量;UNet[22]引入跳跃连接来融合不同层级的特征;这类方法的优势是能够有效地利用局部信息和多尺度信息,但是也存在一些局限性,即简单融合高低级特征很容易由于低级特征语义较弱而受光照变化及图像噪声影响,从而损害模型泛化能力;且高低级特征之间存在的语义鸿沟也极易导致语义混淆或有效信息淹没。

(2)基于自注意力机制的全局依赖构建方法。随着自然语言处理(NLP)领域中 Transformer 模型的优越性能与迅速发展,ViT[59]首次提出将 Transformer 模型应用与视觉任务,后续 Non-local[60]和 CCNet[61]引入自注意力机制以实现全局特征交互和融合，来提升分辨率细节重建能力。这类方法的优势是能够捕获全局上下文依赖关系，而不受卷积核大小的限制；但是也存在一些局限性，例如需要对输入图像进行切片或降采样，导致空间信息的损失；或者需要引入额外的 Token 或模块来表征语义类别或边界信息，增加了计算复杂度和内存消耗，难以部署到移动设备上。

（3）基于边界监督的辅助约束方法。利用边界信息或者弱标签（如图像级标签、物体框、物体点等）来指导网络学习，从而减少对像素级标注的依赖。如 Gated-SCNN[62] 提出了一种基于图像梯度的边界损失和边界正则来监督网络对边缘信息的学习，从而显著提升细小物体的分割效果；PIDNet[63] 通过引入边界监督分支构建基于 PID 控制器架构的三分支网络，它使用一个细节分支来提供更好的空间细节，并强制模型在边界区域更加信任细节分支，同时利用上下文特征来填充其他区域。

然而，这些方法本质上均是对"语义"和"定位"信息的极限权衡或过度补偿，并没有从这两者的本质矛盾出发来解决问题。具体而言，空间图像由大量像素密集构成，其特征提取主要依赖于图像中像素的分布和变化模式，反映了图像的结构、纹理、边缘等信息。对场景语义解析任务来说，每个对象的内部像素具有相同语义，而相邻对象的边界像素则会出现语义不一致现象。因此，图像中目标由于边界位置的空间不可分造成目标"语义"与"定位"之间的相互依赖，进而制约网络分辨率重建性能。基于此，本书特别研究了图像的频域表征特性，致力于从频域角度，探索图像"语义-定位"的高效解耦表征算法。

1.2.5　网络训练动态改善技术

作为近两年兴起的网络压缩技术，结构重参数化通过在给定的宏观网络架构下，设计复杂化的即插即用模块用于训练阶段的网络性能提升，之后利用定制化的重参数化算法，将训练模型等价转化为原始推理结构进行推理，实现训练阶段和推理阶段的网络结构解耦，从而实现网络的无痛涨点（free improvement）。回顾现有的结构重参数化方法，丁霄汉等[64-66] 提出的系列方法倾向于利用多分支并行线性操作（$\sum W_i$）来加强（过参数化）卷积核空间上的特征提取能力。其中，RepVGG[65] 是以恒等映射和 1×1 卷积分支扩展 VGG 架构作为训练模型，进而通过融合并行分支获得加强版的 VGG 推理架构来提高 VGG 性能。而 ACNet[64] 通过使用非对称卷积块（ACB）来加强方形的 3×3 卷积核的十字中心部分来提高网络性能。DBB[66]提出了一个通用的卷积块，通过总结了不同尺度和复杂度的多分支结构（平均池化、1×1 卷积、$1 \times 1 - K \times K$ 序列卷积）等价转换为单个卷积层（$K \times K$）的变换方法，从而增强了单个卷积层的表达能力。值得注意的是，由于 BN 在训练时表现出的非线性和在推理阶段表现出来的线性能力，以及能够与卷积操作进行融合，已经被现有的结构重参数化方法广泛应用[67-74]。在以上方法中，ACB 注重的是卷积核参数的加强学习，而 DBB 更注重不同复杂度的多分支信息交流。另一方面，尽管最终的效果没那么引人入胜，但也有建议从深度上通过矩阵乘法来扩展卷积实现结构重参数化的。如 ExpandNet[75]通过利用序列卷积（$1 \times 1 - K \times K - 1 \times 1$ 等），并扩展中间输入输出通道数来实现过参数化，然而该方法仅能用于紧凑 CNN 训练，在主流 CNN 上并无法达到期望的效果；而 DO-Conv[76]则建议利用额外的深度卷积操作从空间上增广一个传统卷积，然而该方法仅能得到微弱的性能提升。此外，Layer Folding[77]采取了类似剪枝的策略，在推理时，它通过去除多余的 ReLU 层和折叠预训练模型中的连续线性层达到结构重参数化的效果。

考虑到结构重参数化的本质就是通过引入新的结构来改变本就过参数化的深度网络训练动态，启发于深度矩阵分解（deep matrix factorization, DMF）在过参数化模型中能够捕获隐式正则化效应的思想，本研究中的相关工作致力于通过深度矩阵分解的方法，对给定网络引入额外的隐式正则化效应，从而提高网络的泛化能力。值得注意的是，相比传统深度神经网络优化观点只关注目标值和收敛速度，本研究的相关工作更关注结构重参数化带来的不同的优化过程及优化动态，以便获得更好的泛化能力。

目前已有大量的研究从优化动态的角度去探索线性 DMF 模型中的隐式正则化机制。隐式正则化的开创性研究源自 Gunasekra 等[78]的工作，它考虑了标准矩阵分解，但该研究忽略了深度对网络所带来的影响。后续 Arora 等[79-80]的研究放宽了对初始化的假设条件，并揭示了深度矩阵分解能够产生一种隐式的低秩偏置，这种趋势在基于梯度的优化中会随着深度的加深而加剧。这些工作证明了在某些条件下（如，假设输入数据是白化数据）的隐式正则化效应。然后，最近的一项工作[81]进一步研究了初始化对隐式低秩正则化的影响，这证明了对于小初始化范数，低秩偏置是从"鞍点到鞍点"区域开始的。这些发现促进了深度矩阵分解在低秩矩阵恢复领域的应用，包括推荐系统和图像恢复[82-83]。此外，最近的一项通过凸优化的方法解密 BN 的研究[84]证明，单纯引入 BN 的网络同样产生了类似的隐式正则效应。

然而，隐式正则化并不等同于促进泛化，并且在各种深度网络中会产生更复杂的效果[85]。因此，为了增强泛化能力，本书中的研究工作需要探索由于将线性结构引入主流 CNN 而导致的非线性动力学变化。

1.2.6　场景语义解析算法网络构建及其应用

近年来，随着实际应用需求的快速增长，端到端的场景语义解析算法的重要性日益凸显，同时人们对算法的分割精度，计算成本，甚至内存占用量等方面都提出了更高的要求。有些网络使用有效的卷积运算[86-88]或直接应用轻量级骨干模型来提高推理速度，例如 MobileNets[6-7]、ShuffleNets[89]、MnasNet[90]等。也有一些方法通过提出了定制的主干架构来提升语义解析的性能，如 ESPNet[91]、DABNet[92]等。此外，有些网络甚至采用神经网络架构搜索技术[93-94]自动搜索高效轻量的网络模型。还有其他一些高效网络[95]是针对特定硬件平台或语义分割的下游任务进行设计的。目前，面向自主智能系统的场景语义解析算法已经发展得较为成熟，且已在自动驾驶、医学图像分析、智能机器人、增强现实等实际场景中应用广泛。为此，本书对比总结了其中的代表性方法，根据技术理念的不同将其分为三大类：基于编码-解码结构的场景解析方法、基于全局上下文建模的方法、基于对抗生成的场景解析方法。

首先，基于编码-解码器的方法作为场景解析的典型代表，如 UNet[22]、Seg-Net[23]、RefineNet[27]等，其基本思路在于，利用编码器进行一系列的下采样-卷积-池化等操作来提取输入图像的主要特征，并产生低分辨率的高层语义信息，然后通过解码器的上采样-转置卷积等操作来逐渐恢复图像分辨率，获得与输入等分辨率大小的语义分割结果。为了增强网络性能，后续研究对其进行了各种优化。如 DeepLab 系列模型[34,96-97]利用空洞卷积及条件随机场来扩大网络感受野，并获取图像细节信息，然而该系列方法计算成本很高，影响了网络实时性。为提高网络实时性，ENet[14]、LEDNet[98]等方法通过非对称的编码-解码设计来降低模型参数量和网络复杂度，然而它们往往为追求速度而牺牲精度，从而导致最终的分割效果不佳。

其次，卷积操作作为局部特征提取算子，往往无法捕获长距离依赖和全局上下文信息，为此，研究者们基于全局上下文建模来提升语义分割的性能，主要包括3种：基于特征融合的方法，基于注意力机制的方法，以及基于循环神经网络（RNN）的方法。具体地，基于特征融合的方法[16,21-22,35]主要是通过融合不同层级、不同尺度的特征，来提高网络对局部、全局特征的提取与利用，但该方法很容易产生语义混淆、特征冗余等问题。为此，研究者们通过引入注意力机制，如CCNet[61]、DANet[99]等，对不同尺度、层级或支路的特征进行自适应赋予权重系数，从而有效捕获重要的上下文信息，然而由于注意力机制需要考虑每个像素之间的关系，故该方法会产生大量的计算成本，降低网络实时性。随着RNN在自然语言处理领域取得巨大的进展，启发于RNN的历史记忆特性，ReSeg[100]、DA-RNN[101]等方法通过引入RNN来提取像素的序列特征，并有效捕获全局上下文信息，然而该方法同样具有计算量大、实时性差的问题。

最后，考虑到全监督场景解析需要对图像的所有像素进行分类，数据标注成本高且难度大，为此，研究者们受生成对抗网络（GAN）的启发，提出基于GAN的学习方法[102-104]，利用少量的标注数据和大量未标注数据进行对抗训练，在减少语义标注工作量的同时，以适当的复杂度获得了良好的分割精度，但该类方法带来的问题在于网络训练难度大且不稳定，且针对大规模数据图像时，可解释性和可扩展性存在不足。

1.2.7　场景语义解析数据集及评价标准

不同的场景语义解析算法由于不同的思想和技术，各自擅长处理的场景类型并不一样，因此在各种图像数据集上表现出来的结果和性能也参差不齐。为了对各种场景语义分割算法进行公平比较，算法需要在同一个包含各种图像类型且极具代表性的公共数据集进行测试，并通过统一的评价指标进行对比验证，才能证明算法的有效性和先进性。

1. 常用公开数据集

本节整理了场景语义解析领域中常用的数据集，并对各个数据集的数据量及主要应用场景进行了汇总，如表1.1所示。图1.3给出了场景语义解析常用数据集部分示例。本研究中所有场景语义解析的算法主要在这些数据集上进行了对比验证。

表 1.1 场景语义解析常用数据集及其简要对比

数据集名称	年份	使用场景	种类	数据量	训练集	验证集	测试集	分辨率
CamVid	2008	驾驶场景	13	701	368	100	233	960×720
PASCAL VOC	2012	通用场景	21	4362	1464	1449	1449	多种
Cityscapes	2015	驾驶场景	30	5000	2975	500	1525	2048×1024
COCO Stuff	2017	室内室外场景	171	123287	118287	5000	N/A	多种
ADE20K	2017	室内室外场景	150	25562	20210	2000	3352	多种

(a) 输入图像(一)　(b) 真值(一)　(c) 输入图像(二)　(d) 真值(二)　(e) 输入图像(三)　(f)真值(三)

图 1.3 场景语义解析常用数据集部分示例

CamVid（Cambridge-driving labeled video database）[105]：该数据集是来自剑桥的道路与驾驶场景图像分割数据集，图像数据来自视频帧提取，原始分辨率大小为960×720，共包含32个类别，包括车辆、人行道、交通标志、信号灯及外围建筑等。分为367张训练图像，100张验证图像，233张测试图像。

PASCAL VOC（PASCAL visual object classes）[106]：最初是为计算机视觉任务创立的国际竞赛，从2005年一直发展到2012年。而Pascal VOC2012作为目前最常用基准数据集之一，主要是针对视觉任务中监督学习提供标签数据，共包含21个类别（含背景），包括人、常见动物、交通工具、室内家具用品等。主要用于图像分类、对象检测识别、图像分割三类任务中的模型评估。

Cityscapes[107]：作为一个大规模的城市道路与交通语义分割数据集，常用于评估视觉算法在无人驾驶环境下语义理解方面的性能。Cityscapes数据集包含了50个欧洲城市不同场景、不同背景、不同季节的街景的语义和密集像素标注，共分为8大类30个类别，包括平面、人、车辆、建筑、物体、自然、天空和空类别。数据集包含5000张精准标注的图像（本研究所使用的为精细标注的数据），20000张标注图像。整个数据集支持三个级别的分割性能评估：像素级、实例级、全景级语义分割。

COCO Stuff[108]：该数据集中图像种类极其丰富，其图像数据大多选自复杂的室内和室外场景，常用于图像识别、语义分割任务。该数据集主要包括两大类：Thing Class和Stuff Class，其中Thing Class是指具有特定尺寸和形状的物体，其通常由部件组成，共80类；Stuff Class则是由精细尺度属性的均匀或重复模式定义的背景，没有特定或独特的空间范围与形状，共91类。据统计，Stuff覆盖了COCO数据集中约66%的像素。COCO Stuff分割任务旨在推动Stuff Class的语义分割技术水平，相较于以解决Thing Class（人、汽车、大象）为主的目标检测任务，此任务更专注于Stuff Class。这使得我们能够解释和理解图像的重要特性：如场景类型、可能存在的类别及位置、场景的几何属性等。

ADE20K[109]：由MIT推出的全尺寸图像语义分割标注数据集，该数据集中共拥有超过25000张图像、150个语义类别，并对图像中的目标进行了密集的像素标注。其中训练集有20210张图像，验证集有2000张图像。

2. 场景语义解析算法评价标准

1）运行时间

随着实际应用需求的快速增长，测试场景语义解析算法在推理过程中的速度或运行时间用来比较算法的实时性能则显得尤为重要。然而，算法的运行时间极度依赖硬件平台及后端实现，因此对比实验时很难实现在完全一致的实验环境进行对比验证。虽然准确获取算法的运行时间由于硬件等的限制看似毫无意义，但是，考虑到算法的可复现性，以及辅助其他方法的研究与评价，在实时性对比实验中，提供全面的硬件环境、后端实现、基于比较基准等条件的说明和描述是极其重要的。这样在一定条件下，更有助于算法的公平比较和有效性验证。一般来说场景语义解析中的速度评价指标有：①FPS，模型每秒能处理图片的张数；②模型处理每张图片所需要的时间。

2）网络复杂度

（1）计算量：输入单个样本（对于本研究的场景语义解析任务而言指的是一张图像），模型进行一次完整的前向传播所发生的浮点运算（乘加）次数，也即模型的时间复杂度。单位是FLOP或FLOPs。由于当前大部分场景解析的模型都是用的卷积神经网络模型，故这里重点考虑基于CNN的各项计算指标。

①单个卷积层的时间复杂度：

$$\text{Time} \sim \mathscr{O}\left(Y^2 \cdot K^2 \cdot C_{\text{in}} \cdot C_{\text{out}}\right) \quad (\text{FLOPs}) \tag{1.1}$$

其中，Y 表示每个卷积核输出特征图（feature map）的边长；K 表示每个卷积核（kernel）的边长；C_{in} 表示每个卷积核的通道数，也即输入通道数，也即上一层的输出通道数；C_{out} 表示卷积层具有的卷积核个数，也即输出通道数。可见，每个卷积层的时间复杂度由输出特征图大小 Y^2、卷积核大小 K^2、输入 C_{in} 和输出通道数 C_{out} 共同决定。对输入特征图进行下采样，或者使用更小、更少的卷积核都可以明显降低卷积层的计算量。其中，输出特征图尺寸本身又由输入矩阵尺寸 X、卷积核尺寸 K、Padding、Stride 这四个参数所决定，如式(1.2)所示：

$$Y = (X - K + 2 \times \text{Padding}) / \text{Stride} + 1 \tag{1.2}$$

②模型整体的时间复杂度：

$$\text{Time} \sim \mathscr{O}\left(\sum_{l=1}^{D} Y_l^2 \cdot K_l^2 \cdot C_{l-1} \cdot C_l\right) \quad (\text{FLOPs}) \tag{1.3}$$

其中，D 表示神经网络所具有的卷积层数，也即网络的深度；l 表示神经网络第 l 个卷积层；C_l 表示神经网络第 l 个卷积层的输出通道数，也即该层的卷积核个数。对于第 l 个卷积层而言，其输入通道数 C_{in} 就是第 $l-1$ 个卷积层的输出通道数。可见，CNN 整体的时间复杂度最终由所有卷积层的时间复杂度累加所得。简而言之，层内连乘，层间累加。

（2）参数量：模型所含权重参数的总量，单位是 Byte，表现为模型文件的存储体积大小。全连接层通常是整个网络参数量最为密集的部分，例如 VGG16 网络中超过 80% 的参数都来自最后三个全连接层。资源严重受限的移动端小型设备会对模型文件的大小较为敏感。

3）准确率

现有研究已经提出了许多评价指标用于评估语义分割技术的准确率，主要包括像素准确率（pixel accuracy，PA）、交并比（intersection over union，IoU）、平均交并比（mean intersection over union，mIoU）等。其中，mIoU 由于其简洁性和代表性，已经成为场景解析任务中最常用的标准度量指标。mIoU 计算了图像像素每个类的真实值和预测值两个集合的交集和并集之比，如式(1.4)所示，用来表示分割结果与原始图像真值之间的重合程度。

$$\text{mIoU} = \frac{1}{k+1} \sum_{i=0}^{k} \frac{p_{ii}}{\sum_{j=0}^{k} p_{ij} + \sum_{j=0}^{k} p_{ji} - p_{ii}} \tag{1.4}$$

其中，p_{ij} 表示真实值为 i，被预测为 j 的数量，$k+1$ 是类别个数（包含空类）。p_{ii} 是预测正确的数量（即真阳性），p_{ij}、p_{ji} 则分别表示假阳性和假阴性。mIoU 一般都是基于类进行计算的，将每一类的 IoU 计算之后累加，再进行平均，得到的就是基于全局的评价。

1.3　科学问题与研究内容

针对面向自主智能系统的场景语义解析算法，本书围绕深度网络构建与训练的五个关键方面：信息传递、特征提取、知识表征，语义生成以及训练优化，提炼如1.3.1节所示的科学问题，开展如1.3.2节所示的理论与算法研究并在典型自主智能系统上部署应用。

1.3.1　拟解决的科学问题

本书拟解决如下重点难点科学问题。

（1）深度卷积模型中信息流的高效变换与完整传递问题。深度网络往往通过压缩分辨率来换取感受野及处理速度，却丢弃了细节信息、破坏了高分辨率空间关联，从而影响了算法的准确性。具体而言，在输入预处理阶段，对大尺度输入的快速降维导致了结构信息不可逆损失；在语义分割网络的上/下采样过程中，对应上/下采样操作相互引导不足，空间关联性弱，上采样难以准确恢复下采样前全部信息；在高分辨率输出生成过程中，对多层次语义利用的不充分导致了分割边界的偏移甚至语义混淆。

（2）特征提取网络中多尺度特征的轻量提取与去冗表征问题。现有场景语义解析算法在面对高分辨率的输入/输出处理和多尺度表征学习的需求时，普遍承受着巨大的计算负担，这与实时性要求背道而驰。具体而言，深度网络在特征提取时忽略了空间冗余的巨大影响；在输入预处理中存在着减少图像冗余与保留图像细节之间的矛盾，且预处理结果往往因感受野受限而缺乏全局关联；在特征提取时，多尺度学习框架引入了大量模型参数、特征冗余及计算负担。

（3）知识表征方法中高维知识的低效挖掘与信息过载问题。卷积神经网络方法受限于单一图像知识空间，难以通过简单网络实现高维信息表征，导致相应算法难以达到更优的速度-精度权衡。具体而言，卷积具有局部感知特性，无法通过单一操作感知全局信息；受感受野限制，现有方法无法同时构建边缘与区域一致性描述；多层级、多尺度特征融合与网络轻量化需求导致特征融合过程信息过载。

（4）高分辨率语义生成时生成标签的语义超调与定位失准问题。现有场景语义解析模型针对高分辨率语义生成阶段高级语义与精细定位之间的内在矛盾，往往倾向于二者之间的过度补偿或极限权衡，导致了生成标签的语义超调与定位失准，进而限制了语义标签的生成质量与精度。具体而言，深度网络空间上下文聚合时，高低层特征之间语义粒度差异产生的语义鸿沟容易导致信息淹没与语义混淆；在细节重建过程中，不同层级或尺度的特征之间的空间偏移或错位，致使特征融合阶段空间定位结构难以对齐；此外，标准的语义分割优化目标由于强制让所有网络层致力于拟合最终的语义信息，致使层级语义特征趋于同质化。

（5）模型训练优化时数据依赖与网络退化问题。深度网络模型优秀的性能依赖于其冗余的参数和复杂的连接结构，推理时，不同数据分布和噪声扰动也会带来网络不同输出，影响网络的泛化能力。网络结构重参数化算法通过改变网络训练动态，寻求不同的优化结果，但仍面临诸多挑战。具体而言，网络在训练过程中不可避免地会产生特征噪声和参数异常值；额外参数的引入在改变训练动态的同时加剧了训练困难；重参数化方法为优化过程带来新的奇异点，继而可能引发网络退化。

1.3.2　本书的研究内容

围绕视觉环境感知技术中场景语义解析算法的信息传递、特征提取、知识表征、语义生成、训练优化五方面，针对上述科学问题，本书的具体研究内容如下。

（1）在网络信息传递方面，针对信息流的高效变换与完整传递问题，研究基于"全息"网络架构的信息流传递机制。网络模型中特征图的分辨率变化是导致信息损失的关键，该研究针对网络中涉及分辨率变化的过程，重点开展以下研究点：①在输入图像预处理阶段，研究基于无步长快速降采样的初始结构信息留存策略；②针对上/下采样，提出具有相互引导性的上-下采样过程；③在高效高分辨率输出生成中，研究联合跨层级语义的高分辨率信息恢复与生成方法。

（2）在特征提取方面，针对多尺度特征的轻量提取与去冗表征问题，研究基于邻域解耦-耦合的空间多尺度表征学习算法。图像空间冗余性与卷积局部感知特性的矛盾是导致特征冗余的关键，该研究针对深度网络特征提取过程，重点开展以下研究：①提出邻域解耦-耦合算子，降低特征图空间冗余度；②在初始特征学习方面，在研究内容（1）基础上，研究局部特征感知与全局依赖构建方法；③在稠密多尺度特征提取阶段，搭建空间并行多尺度特征提取网络。

（3）在知识表征方面，针对高维知识的低效挖掘与信息过载问题，研究基于频域学习的知识空间拓展与复杂模式融合感知算法。在单一图像域知识空间中的深度学习不足以高效描述图像的高维信息，该研究将知识空间拓展至频域空间，重点研究以下内容：①在学习手段方面，提出频域特征学习与全感受野卷积算子；②在学习内容方面，研究频域下全局结构一致性描述方法；③针对跨知识空间融合感知方面，提出基于因素化立体注意力的频域-图像域特征融合算法。

（4）在语义生成方面，针对生成标签的语义超调与定位失准问题，研究基于幅-相感知的语义-定位解耦表征算法。针对高级语义与精细定位的本质矛盾，重点开展以下研究：①挖掘图像频域表征特性，揭示空间域下语义-定位表征与频域下幅度-相位表征间的映射关系；②在上下文建模过程中，研究基于幅度感知的语义多样性表征方法；③在定位细节重建过程中，研究基于相位修正的原型定位优化方法；④针对网络不平衡优化现象，设计相位敏感性辅助约束。

（5）在训练优化方面，针对训练动态的数据依赖与网络退化，研究基于结构重参数化的训练动态改善与推理性能提升算法。样本噪声与分布偏移是影响算法泛化能力的主要原因，该研究引入网络结构重参数化方法，重点展开以下内容：① 为改变网络训练动态，设计网络结构稠密重参数化模型；② 为获取推理一致性模型，给出重参数化训练方法及推理等价结构变换；③ 针对重参数化模型参数配置，研究稠密重参数化模块参数选择与建模实现。

（6）针对算法测试应用，面向典型实际自主智能系统，研究多种硬件条件下的模型设计原则与算法部署策略，并进行验证与实施。本书涉及的典型自主智能系统应用案例包括：① 结构化静态场景下，航空复材消声蜂窝制备中的精准感知与定位，其重点是蜂窝板材待加工孔洞的识别解析与高精度定位；② 半结构化对抗场景下，RoboCup仿人机器人视觉感知，其重点是机器人足球竞赛场景的语义解析，构建机器人视觉与决策系统基础；③ 复杂交互环境下，智慧工厂安全监管与行为识别，其重点是监控图像的场景解析和人体解析，用于辅助穿戴检测与行为识别；④ 高动态开放场景下，自动驾驶车辆车道线检测，其重点是开放道路的路面车道线标识解析，用于辅助自动驾驶车辆自主导航与路径规划。

图1.4展示了本书研究内容在场景语义解析算法流程中的逻辑关系。研究内容（1）实现信息流在整个算法中由图像输入到语义输出的完整性传递，研究内容（2）构建基于邻域解耦-耦合的空间多尺度学习与特征提取框架，研究内容（3）为网络知识表征提供基于频域学习的高维先验与基于因素化立体注意力的多维特征融

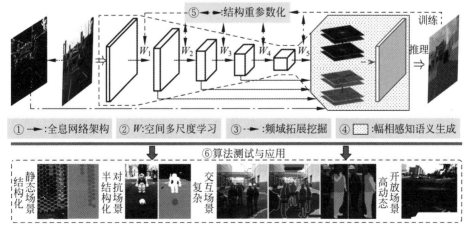

图 1.4　本书研究内容在场景语义解析算法流程中的逻辑关系

合方案，研究内容（4）实现高分辨率语义生成的语义-定位解耦建模与并行优化，研究内容（5）将训练与推理阶段网络结构进行解耦，通过稠密结构重参数化实现训练动态改善与泛化性能提升。其中，研究内容（1）～（4）构建网络模型，研究内容（5）对网络训练优化进行性能提升，最后在典型自主智能系统上进行算法测试与应用，形成一套"模型构建—训练优化—部署应用"完整的场景语义解析算法。

1.4　本书内容安排

本书通过研究信息传递、特征提取、知识表征、语义生成以及训练优化五方面的问题，形成了一套完整的高准确性、实时性、鲁棒性、稳定性、灵活性、泛化性的场景语义解析算法。

其中第2～6章分别详细描述针对不同方面科学问题的解决方法与创新贡献，各章内容互补，共同为第7章的自主智能系统部署与应用提供算法支持。本书整体结构概括如下。

第1章，阐明本书研究的背景和意义，指出本书研究成果对于自主智能系统技术发展，以及国家科技发展的重要理论意义与实用价值；系统性地回顾现有国内外研究进展；归纳本书拟解决的若干重要科学问题；概括本书的主要研究内容与组织架构。

第2章，介绍基于"全息"网络架构的信息流传递机制。对网络信息流方面的重点科学问题进行了总结，提出了基于无步长快速降采样的结构信息留存策略、具有相互引导性的上-下采样过程，以及联合跨层级语义信息的高分辨率信息恢复与生成方法。通过激活层、分割结果、网络梯度可视化，多数据集测评，优劣势分析等多种手段，证明了所提出方法在保留信息完整性上的有效性。

第3章，介绍基于邻域解耦-耦合的空间多尺度表征学习算法。针对模型特征冗余性归纳了科学问题，提出了邻域解耦-耦合算子；局部特征感知与全局依赖构建方法；以及空间并行多尺度特征提取网络。通过分割结果可视化，参数敏感性实验、内存消耗分析，多数据集测评，优劣势分析等多种手段，证明了所提出方法在高效多尺度学习上的有效性。

第4章，介绍基于频域学习的知识空间拓展挖掘与高效融合方法。针对现有方法在单一图像知识空间学习的科学问题，提出了频域特征学习与全感受野卷积算子；频域下全局结构描述方法；以及基于因素化立体注意力机制的高效特征融合方法。通过特征图与分割结果可视化，多数据集测评，优劣势分析等多种手段，证明了频域空间学习与因素化立体注意力机制特征融合的有效性。

第5章，介绍基于幅-相感知的高分辨率语义生成算法。对图像频域表征进行挖掘，揭示了图像幅度和相位在语义和定位方面的反向对称固有特性。针对高级语义与精细定位的内在矛盾，提出了基于动态权重机制的幅度感知模块；自适应相位修正模块；以及相位敏感性辅助约束。通过激活特征、分割结果、像素级误差图可视化，多数据集测评等多种手段，证明了所提方法在细粒度高分辨率语义生成上的有效性。

第6章，介绍基于网络结构重参数化的训练动态改善与泛化性能提升方法。分析了深度网络模型泛化能力差、重参数化方法引发模型退化的科学问题，设计了稠密重参数化模型，给出了重参数化训练方法及推理等价结构变换，进行了稠密重参数化模块参数选择与建模实现。通过权重尺度分析、奇异值分布分析、损失函数曲面可视化等方法，证明了所提出方法在优化训练动态和提升泛化能力与推理准确率上的有效性。

第7章，介绍算法测试与应用情况。针对典型自主智能系统的不同硬件平台，总结归纳了相应的部署应用策略；分别在结构化静态场景下航空复材消声蜂窝制备系统、半结构化对抗场景下RoboCup人形机器人视觉系统、复杂交互环境下安全监管与行为识别系统、高动态开放场景下自动驾驶车辆环境感知系统等代表性自主智能系统上进行验证与应用，展示并讨论了本书算法在各系统中的表现与成果。

第8章，总结本书内容，并做出未来展望。

第2章

网络信息流传递机制

场景语义解析作为一项极具挑战的密集型预测任务，要求输出结果与输入图像具有相同的分辨率，且对分割边界极其敏感。现有实时场景语义解析方法往往以牺牲分辨率为代价来扩大感受野及提升处理速度，这不可避免地破坏了高分辨率图像的空间像素关联，从而影响了语义输出的准确性。针对这一问题，本章提出"全息"网络架构，针对语义解析网络中所涉及分辨率变化的过程，设计了信息流传递机制，保证了信息在网络中的完整、高效流动。具体而言，在图像预处理阶段，本章研究了快速降维中常被忽视的结构信息损失问题，提出了无步长快速降采样策略（non-strided fast downsampling，NFD），实现了"全息结构"留存；对于场景语义解析算法中常见的上/下采样过程，本章探索了上-下采样间的空间关联，提出了具有相互引导性的上下采样过程（guided sample pair，GSP），实现了"全息关联"构建；针对高分辨率结果生成过程，本章融合了多层级多分辨率分支，提出了联合跨层级语义信息的高分辨率信息恢复与生成方法（parallel resolution maintainance，PRM），实现了"全息语义"利用。本章通过多种实验与可视化手段，论证了本章方法所构建的高效信息流传递机制，说明本章方法提升了场景语义解析任务的准确性与实时性。

2.1　概述

场景语义解析的关键是高分辨率语义输出的生成，其核心在于高分辨率信息在网络模型中的准确传递。然而，深度网络编码器为获取充足感受野及快速计算而进行的连续下采样严重破坏了空间关联性，导致空间位置及细节纹理信息的丢失；与之对应的解码器亦难以从低分辨率表征中准确推断或恢复损失的结构及细节，最终影响了高分辨率语义输出的精度。针对语义解析网络中所有涉及分辨率变化的过程，本章总结了如2.1.1节所述重点科学问题，给出了如2.1.2节所述的解决方法。

2.1.1 拟解决的主要问题

本章拟解决的场景语义解析网络在信息流传递方面的主要问题如下。

（1）**大尺度输入图像的快速降维导致了结构信息的不可逆损失，致使分割结果缺乏结构细节。** 由于输入图像在空间维度是高度冗余的，现有方法[2,5-6]通常采用连续两个步长为2的下采样操作，将输入图像降维至1/4尺寸并进行初步特征提取，以加速整个语义解析流程。该方式虽然提高了网络实时性，但原始图像的结构信息会在每次降采样操作中被逐步破坏，部分纹理细节亦可能就此消失。这些在网络初始阶段损失的信息无法进入后续稠密特征提取阶段，更无法通过高分辨率重建手段进行完全恢复，因而导致分割结果缺乏结构细节。这对边界敏感的语义解析任务来说是极其不利的。本章研究认为，以往研究在快速降采样中往往忽略了对空间细节的保留，而保留此类信息将有助于提升分割结果的细节感知能力与边界准确性。

（2）**上/下采样过程的彼此独立导致相互引导不足，致使分辨率变化前后的空间关联性减弱。** 对于需要高分辨率输出的语义解析任务而言，确保分辨率变化前后空间一致性至关重要。现有方法通常利用跳跃连接[22-24,110]或跨阶段融合[11,28-29,111]为分割结果提供低层次位置信息，并通过转置卷积或像素插值恢复图像分辨率。然而，这些方法将上/下采样看作独立的操作，割裂了其互逆关系，未能从本质上解决上/下采样空间相关性问题。本章研究认为，构建上-下采样相互引导，打通上-下采样间协作，将有助于语义解析对空间相关性的建模与检索，增强网络信息流中的空间关联，提高预测结果的空间准确性。

（3）**高分辨率语义输出生成时对多分辨率信息的不充分利用，致使分割结果位置偏移与分类混淆。** 现有方法通常通过编码器-解码器结构[22-26]或分辨率融合方法[11,27-29]来生成高分辨率语义输出。编码器-解码器结构虽具备高质量分辨率恢复能力，但随着特征图分辨率扩大，计算开销急剧增加，严重影响了网络实时性。一些分辨率融合方法直接借用骨干网络的中间层特征图进行跨层级特征融合，从而生成高分辨率图像。该方法虽然计算量小、运算快，但由于不同分辨率具有不同语义层级，跨层级的融合方式不可避免地造成了语义和边界上的混淆。本章研究认为，在不同分辨率分支上同时建立并维护强语义层级特征，能在追求实时性的同时有效避免位置偏移与分类混淆问题。

2.1.2 研究内容及贡献

针对2.1.1节所提出的科学问题，本章研究内容及贡献包括以下三点。

（1）本章提出了基于无步长快速降采样的结构信息留存策略，详见2.2节。该策略通过"空间-深度"转换将图像一次性降维到1/4尺度，使所有像素公平地进入后续特征提取阶段，在快速降维的同时保留了结构信息，缓解了输入预处理中的结构信息损失问题，实现了"全息"结构留存。

（2）本章提出了具有相互引导性的上-下采样过程，详见2.3节。该过程利用互逆的"空间-深度"/"深度-空间"变换，以成对出现的形式，通过轻量级的通道注意力机制对空间相关性进行建模和检索，以促进分辨率变化前后的空间信息保存和恢复，实现了上下采样间的"全息"关联。

（3）本章提出了联合跨层级语义信息的高分辨率信息恢复与生成方法，详见2.4节。该方法使用廉价操作在多个分辨率分支上聚合多层级语义知识，从而同时维护具有强语义信息的多分辨率表征，实现了"全息"语义利用，减轻了预测结果位置偏移与语义混淆。

2.2 结构信息留存策略

由于大尺度图像的空间高度冗余性，通过图像预处理进行输入降维对于降低整体计算开销至关重要。该阶段面临的挑战主要体现在三方面：① 鉴于高分辨率图像的高空间冗余性，网络需要充足感受野（即足够多的卷积层）来获取有效的初始特征；② 在大尺度图像上执行卷积非常耗时，对网络实时性极度不友好；③ 原始像素间的结构相关性随下采样操作的增加而严重受损。

典型的图像预处理策略通常利用连续的步长为2的卷积层或池化层将输入压缩成1/4尺度特征图。然而，这种方法虽然提高了模型的实时性，却由于网络初始阶段卷积层数少且通道数少，特征提取极其不充分，导致每次执行带步长的操作都会带来一定信息损失。这意味着边界细节特征极易在还未被提取为有效特征就已经被忽略了，这对于边界敏感的语义解析任务来说是极为不利的。

因此，在保证快速降维能力的同时，本节更关注图像预处理在保留图像结构与细节信息上的能力。为此，本节提出了基于无步长快速降采样（NFD）的结构信息留存策略，通过空间-深度转换和高计算密度的小卷积核卷积，将输入数据一次性降采样到1/4尺度，使所有原始像素平等地参与网络后续阶段计算，从而减少了信息损失。

2.2.1　网络结构设计

本章所提出的无步长快速降采样结构由像素"空间-深度"转换和一系列小卷积核卷积组成。图2.1显示了无步长快速降采样与现有方法在结构上的对比结果，其中图2.1(a)表示本节所提出的方法，图2.1(b)表示使用大卷积核串联池化层的策略（如ResNet[1]、ResNeXt[2]等），图2.1(c)代表并行执行卷积层和池化层的策略（如ENet[14]、ERFNet[15]等），图2.1(d)则为使用连续步长为2的小卷积核的策略（如MobileNet[6]、HRNet[5]等）。在本节所提出的NFD中，降采样率f为4的像素"空间-深度"转换实现了像素无损的分辨率降低；其后一系列卷积则对所有原始像素进行了平等的初始特征提取。图2.1中N和C_{out}是可配置的参数，分别代表卷积层数和输出通道数。本章设定$N=2$，$C_{\text{out}}=64$，并将在实验部分（2.5节）讨论说明N对整体网络性能的影响。

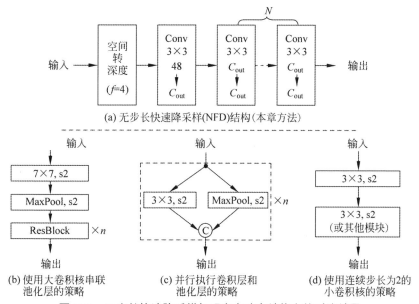

(a) 无步长快速降采样(NFD)结构(本章方法)

(b) 使用大卷积核串联池化层的策略
(c) 并行执行卷积层和池化层的策略
(d) 使用连续步长为2的小卷积核的策略

图 2.1　无步长快速降采样与现有方法在结构上的对比结果

2.2.2　性能分析

本节将从计算效率和特征提取能力两方面对NFD进行分析。

1. 计算效率

假设模型输入是一个通道数为3的RGB彩色图像，记作$X \in \mathbb{R}^{[3,H,W]}$，输出为$Y \in \mathbb{R}^{[C_{out}, H/4, W/4]}$，则无步长快速降采样策略的计算量如式(2.1)所示。

$$\mathrm{FLOPs}_{\mathrm{NFD}} = \frac{9}{16} C_{out} \left(48 + N \cdot C_{out}\right) HW \tag{2.1}$$

丁霄汉等[65]研究显示，在通用英伟达GPU中，经CUDA及CUDNN等计算工具的加速，3×3卷积具有最高计算密度。由于NFD中使用了一系列3×3卷积，因此NFD在保证充足感受野的同时，也具有极高的计算效率。2.2.3节将通过对比NFD与各典型方法的计算量，来证明NFD在计算效率上的优势。

2. 特征提取能力

由于没有执行步长大于1的操作，图像及其特征图没有像素被丢弃，所有原始信息都可以直接进入后续特征提取阶段，因此该策略有利于边缘和细节等精细结构的建模与感知。为了定量描述NFD在特征提取上的作用，根据感受野的物理意义，本节定义并使用生成输出特征图单位像素所关联的输入图像像素数（number of pixels from the input involved in the output，NPI）来描述图像预处理阶段各策略的特征提取能力。NFD的NPI如式(2.2)所示。2.2.3节将通过对比NFD与各典型方法的NPI指标，来证明NFD在特征提取能力上的优越性。

$$\mathrm{NPI}_{\mathrm{NFD}} = 48 \left(2N + 3\right)^2 \tag{2.2}$$

综上所述，本节提出的基于无步长快速降采样的结构信息留存策略，实现了图像到1/4尺度的快速降维，缓解了连续下采样带来的结构信息损失问题，从而实现了"全息"保留。

2.2.3　与现有方法对比

图2.1展示了典型的图像预处理方法。其中，图2.1(b)是ResNet系列网络ResNet[1]、ResNeXt[2]所应用的方法。该方法在第一层通过7×7大卷积核捕获了足够的感受野，但同时需要大量计算开销。图2.1(c)是轻量级网络ENet[14]、ERFNet[15]、InceptionV4[13]的代表。由于该方法使用了双分支策略，且只在其中

一个分支上进行了卷积运算,因而运算量较少。然而,也正由于仅有一个分支进行了特征提取,该方法对特征的提取能力不足,极易造成结构信息损失。图2.1(d)是在MobileNet[6]、HRNet[5]、GhostNet[9]等网络中广泛应用的策略。该策略在图像分类、检测等任务上有较好结果,但对于语义解析任务而言,其感受野远远不够,无法保留高分辨率图像的边缘与细节信息。

本章所提出的无步长快速降采样与以上方法相比,最大区别在于:现有方法无一例外地通过两次步长为2的下采样操作将原始输入降维至1/4尺寸,在带步长操作过程中丢弃了部分像素,造成了信息丢失;而本节所提出方法不通过带步长的操作实现降维,而是通过"空间-深度"转换,将空间上的像素转换到深度上进行存储,从而一次性将分辨率降为1/4大小,大大减轻了信息损失。

表2.1展示了无步长快速降采样与现有方法在感受野上的量化对比结果。由表2.1可知,无步长快速降采样获得的感受野比(c)和(d)大得多。当$N=4$时,本节所提出方法比标准ResNet以更少计算量获得更大感受野,证明了无步长快速降采样的有效性。

表 2.1   无步长快速降采样与现有方法在感受野上的量化对比

输入/输出大小	序 号	代表性网络	参数设置	计 算 量	NPI
[3,512,1024] ↓ [64,128,256]	(a)	本章方法	$N=2$	3.33G	2352
			$N=3$	4.55G	3888
			$N=4$	5.76G	5808
	(b)	ResNet18[1]	$n=2$	6.10G	5547
	(c)	ERFNet[15]	$n=2$	0.41G	147
	(d)	HRNet[5]	Conv3 × 3	1.45G	147

2.3   具有相互引导性的上-下采样对

语义解析要求生成与输入相同分辨率的输出,因而经常涉及下采样和上采样操作。下采样减少了计算量并扩大了感受野,而上采样恢复了细节并扩大了分辨率。由于步长操作的存在,常用的池化层或卷积层会压缩空间表征,从而破坏像素间的空间相关性。同时,上采样过程或使用插值填充像素导致细节缺失,或因通过反卷积(转置卷积)放大分辨率而产生巨大的计算开销而损害网络的实时性。其问题在于,上采样难以通过高效手段恢复在下采样时损失的信息。造成这一现象的根本原因是，在现有方法中，下采样和上采样是相互独立的，这导致了下采样和上采样之间缺乏相互指导与关联。本章认为，构建具有相互引导性的、成对出现的上-下采样操作将有助于网络空间相关性建模与检索，从而进一步引导分辨率重建。

本章所提出的具有相互引导性的上-下采样对（GSP），在分辨率改变时将空间信息转化至通道维度，并将上-下采样过程分别解耦为三个步骤：子特征图采样-聚合，子特征图内特征提取，以及子特征图间相关性建模。详见2.3.1节。GSP利用"空间-深度""深度-空间"操作[19]来实现可逆的分辨率转换，然后利用分组数为4的1×1卷积来重新组合各组内的局部特征，并对组间空间关联与上下关联构建长距离依赖，即进行关联性建模。

2.3.1　网络结构设计

图2.2绘制了GSP结构示意图，其中图左为下采样GSP_D，图右为上采样GSP_U，两过程成对出现。在关联性建模过程中，GSP通过全局平均聚合来近似全局特征，并计算所有通道自相关系数来构建长距离依赖，如算法1所示。

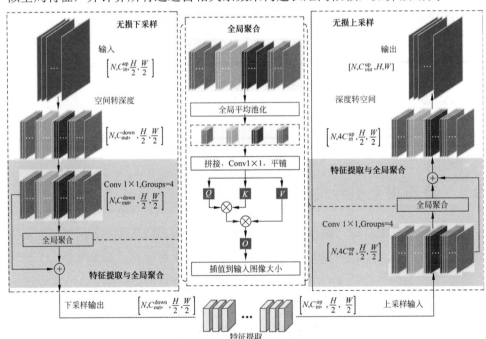

图 2.2　具有相互引导性的上-下采样过程网络结构示意图

算法 1: 具有相互引导性的上-下采样过程计算流程

输入: $X \in \mathbb{R}^{[B, C_{\text{in}}, H_{\text{in}}, W_{\text{in}}]}$: 输入变量

　　　类型: "下采样"或"上采样"

输出: $Y \in \mathbb{R}^{[B, C_{\text{out}}, H_{\text{out}}, W_{\text{out}}]}$: 输出结果

1 **if** "类型"是"下采样"**then**
　　// 子特征图采样
2 　│ $X' \leftarrow \text{S2D}(X)$;
3 **else**
4 　│ $X' \leftarrow X$; 　　　　　　　　　　　　　　　　　//下采样
5 **end**
　　// 子特征图内特征提取
6 $\text{Feat} \leftarrow \text{Conv2d}(X', \text{kernel}=1, \text{groups}=4)$;
7 $\text{Feat} \leftarrow \text{ReLU}(\text{BatchNorm2d}(\text{Feat}))$;
　　// 子特征图间相关性建模
8 $\text{Feat}_{\text{avg}} \leftarrow \text{AdaptiveAvgPool2d}(\text{Feat}, \text{size}=1)$;
9 $K \leftarrow \text{Conv2d}(\text{Feat}_{\text{avg}}, \text{kernel}=1, \text{groups}=1)$;
10 $Q \leftarrow \text{Conv2d}(\text{Feat}_{\text{avg}}, \text{kernel}=1, \text{groups}=1)$;
11 $V \leftarrow \text{Conv2d}(\text{Feat}_{\text{avg}}, \text{kernel}=1, \text{groups}=1)$;
12 $F_{\text{GA}} \leftarrow V \times \text{Softmax}(\frac{K^T \times Q}{\sqrt{C}})$;
13 $F_{\text{GA}} \leftarrow \text{Interpolate}(F_{\text{GA}}, \text{size}=\text{Feat.shape})$;
14 $\text{Feat} \leftarrow \text{Feat} + F_{\text{GA}}$;
15 **if** "类型"是"上采样"**then**
16 　│ $Y \leftarrow \text{Feat}$;
17 **else**
　　// 子特征图聚合
18 　│ $Y \leftarrow \text{D2S}(\text{Feat})$; 　　　　　　　　　　　　　//上采样
19 **end**

2.3.2　性能分析

本节将从计算效率和特征提取能力两方面进行分析。

1. 计算效率

对于输入 $X \in \mathbb{R}^{C_{\text{in}} \times H \times W}$，输出 $Y \in \mathbb{R}^{C_{\text{out}} \times H' \times W'}$，GSP 的计算量如式(2.3)所示：

$$\text{FLOPs}_{\text{GSP}} = C_{\text{in}} C_{\text{out}} H' W' + (3C_{\text{out}}^2 + C_{\text{out}}^3) \tag{2.3}$$

其中下采样时 $H' = H/2$，$W' = W/2$，上采样时 $H' = 2H$，$W' = 2W$。

一般而言，$(3C_{\text{out}}^2 + C_{\text{out}}^3) \ll C_{\text{in}} C_{\text{out}} H' W'$。因此，在计算量方面，具有相互引导性的上采样过程几乎等同于步长为2、卷积核大小为2和分组数为4的卷积；同理，其对应的下采样过程等价于与上同参数的反卷积（转置卷积）；但在运行速度上略有提升。这一现象源于卷积运算的内在机制：在执行卷积运算时，特征图和卷积核首先被重构为矩阵，随后通过通用矩阵乘法计算得到结果。本章所提出的具有相互引导性的上-下采样过程，通过"空间-深度""深度-空间"转换，实质上完成了特征图到矩阵的重构。在具体实现上，这种转换通过寄存器移动操作（MOV）完成，其计算资源开销极低。实验表明，尺寸为 [1, 64, 512, 1024] 的超大特征图进行"空间-深度"变换的平均计算开销仅为0.15ms，与卷积计算相比可忽略不计。此外，1×1 卷积核本质上是矩阵形式，其计算过程远比 2×2 卷积简单。相比而言，常规卷积和反卷积的计算量可由式(2.4)表示：

$$\text{FLOPs}_{\text{conv/trans.conv}} = K^2 C_{\text{in}} C_{\text{out}} H' W' \tag{2.4}$$

其中，K 为卷积核大小，一般情况下 $K = 3$。结合式(2.3)和式(2.4)，本章所提出的方法减少了约 8/9 的计算量，具有极高的计算效率。

2. 特征提取能力

假设本章提出的下采样过程的输入为 X，将该下采样过程表示为函数 $D(\cdot)$；同理，记上采样过程的输出为 Y，将该上采样过程表示为函数 $U(\cdot)$。记下-上采样之间的特征提取为函数 $F(\cdot)$。为了便于描述，根据"空间-深度"和"深度-空间"转换的功能，X，Y 可表达为式(2.5)：

$$X = \begin{bmatrix} x_1 & x_2 \\ x_3 & x_4 \end{bmatrix}, \quad Y = \begin{bmatrix} y_1 & y_2 \\ y_3 & y_4 \end{bmatrix} \tag{2.5}$$

则上采样输入可以改写为式(2.6)：

$$Y = U\left(F\left(D(X)\right)\right) = U\left(F\left(D\left(\begin{bmatrix} x_1 & x_2 \\ x_3 & x_4 \end{bmatrix}\right)\right)\right) \tag{2.6}$$

并可以进一步展开为式(2.7)：

$$\begin{bmatrix} y_1 & y_2 \\ y_3 & y_4 \end{bmatrix} = \begin{bmatrix} u\left(d\left(x_1\right)\middle|f\right) & u\left(d\left(x_2\right)\middle|f\right) \\ u\left(d\left(x_3\right)\middle|f\right) & u\left(d\left(x_4\right)\middle|f\right) \end{bmatrix} \tag{2.7}$$

为便于描述，本节将其简记为式(2.8)：

$$y_i = u\left(d\left(x_i\right)\middle|f\right) \tag{2.8}$$

由式(2.8)可以看出，每个像素在分辨率变化前后都具——对应关系。这种对应关系使得本章所提出的上-下采样策略得以存储和恢复特征图的空间信息。这对于需要高分辨率输出的网络来说是至关重要的。传统的上-下采样方法在步长大于1的卷积中常不可避免地造成像素损失；而传统反卷积则会生成无关像素。损失像素和生成像素间并无显式关联，故尽管所有像素都参与了特征计算，但它们的空间关联性却丢失了。值得注意的是，尽管分组卷积大大降低了计算成本，但它阻碍了不同分组之间的交流。为了构建全局关联，本节采用了类似于全局网络的设计来捕捉空间结构和上下文的长距离依赖。

总之，本章提出的具有相互引导性的上-下采样过程，具有保留像素间对应关联、减少分辨率变化过程中空间信息损失的能力，实现了"全息"关联构建。

2.3.3　与现有方法对比

由"空间-深度"转换（及其逆变换）和卷积组成的上-下采样方法已被广泛用于多项任务。两种典型方法与本章所提出的具有相互引导性的上-下采样过程的结构对比示意图详见图2.3，其中图2.3(a)表示在超分辨率领域和经典语义解析算法中使用的方法[19]，图2.3(b)表示DUpsampling[112]提出的方法及其逆过程，图2.3(c)代表了本章提出的方法。主要区别已用黑体字标出，即具有相互引导性的上-下采样过程使用分组卷积来减少计算开销，并使用简化的注意力机制来捕捉全局背景和长距离依赖。

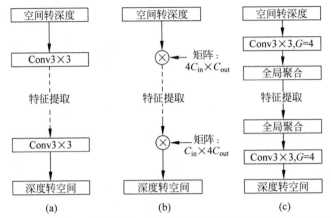

图 2.3　具有相互引导性的上-下采样过程与现有方法结构对比示意图

本方法可看作在低分辨率子特征图上的特征提取与信息整合，因此本方法通过在子空间上的学习减少了计算负担，并通过跨子空间的信息聚合实现全局信息建模。

2.4　层次化高分辨率信息恢复与生成

语义解析是一项密集的预测任务，不同大小的物体和区域有着不同的语义和边界层次。带有跳跃连接的多分支网络（包括流行的上下文-空间双路径方法）是实现语义和边界信息融合的常见做法，然而该做法只利用了浅层位置特征和最深层语义特征，并没有充分利用网络计算中的多层级信息。HRNet[5]提出了一个多分支并行网络，通过在多个平行分支上进行特征提取和跨分支特征融合，来获取多尺度信息。然而由于大量卷积的存在，这种做法在融合高-低分辨率的信息时产生了大量计算，影响了整个网络的实时性。

借助具有相互引导性的上-下采样过程（2.3节）的优越性，本章提出了联合跨层级语义信息的高分辨率信息恢复与生成方法（PRM），通过多分支跨阶段特征融合来维护多个具有不同分辨率的分支。该方法以廉价的操作在各阶段反复聚合信息，不需要额外的卷积操作，因而既保证了多尺度强语义信息的获取，又对网络实时性更加友好。

2.4.1 网络结构设计

联合跨层级语义信息的高分辨率信息恢复与生成方法网络结构示意图如图2.4所示。该方法中，每一个阶段的输入都会接收来自所有先前阶段的输出，并将输出传递给所有尺度分支。

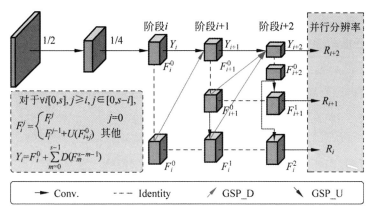

图 2.4 联合跨层级语义信息的高分辨率信息恢复与生成方法网络结构示意图

假设网络中共有 $s(s > 0)$ 个阶段，记第 i 阶段输出为 $F_i\,(i \in [0,\ s])$，将 F_i 融合到 j 阶段的高分辨率输出记作 $F_i^j\,(j \geq i, j \in [0,\ s-i])$，则 F_i^j 可表示为

$$F_i^j = \begin{cases} F_i^j & j = 0 \\ F_i^{j-1} + U\left(F_{i+j}^0\right) & \text{其他} \end{cases} \tag{2.9}$$

记第 i 阶段融合了其他所有尺度后的最终结果为 Y_i（Y_i 是下一阶段的输入），则 Y_i 可表示为

$$Y_i = F_i^0 + \sum_{m=0}^{s-1} D\left(F_m^{s-m-1}\right) \tag{2.10}$$

综上，联合跨层级语义信息的高分辨率信息恢复与生成方法保留了每个分辨率的输出，并使每个分支都融合了来自其他所有尺度的多层级语义信息。

2.4.2 性能分析

本节将从计算效率和特征提取能力两方面对提出的联合跨层级语义信息的高分辨率信息恢复与生成方法进行分析。

1. 计算效率

除了使用具有相互引导性的上-下采样过程进行尺度对齐和使用矩阵加法进行特征融合以外，联合跨层级语义信息的高分辨率信息恢复与生成方法中没有使用其他卷积操作。正如在2.3.2节中分析的那样，这种操作比普通方法的计算效率更高，所以联合跨层级语义信息的高分辨率信息恢复与生成方法在计算开销方面是非常高效的。

2. 特征提取能力

为了便于描述，本节只分析网络中两个阶段的情况，该分析可以推广至任意多阶段。根据联合跨层级语义信息的高分辨率信息恢复与生成方法的网络结构和式(2.9)与式(2.10)，将两个阶段的计算过程展开为

$$\begin{cases} Y_0 = F_0^0 \\ F_1^0 = F_1\left(D\left(Y_0\right)\right) \\ Y_1 = F_1^0 + D'\left(F_0^0\right) \\ F_0^1 = F_0^0 + U\left(F_1^0\right) \end{cases} \tag{2.11}$$

其中，$D(\cdot)$ 和 $D'(\cdot)$ 分别对应表示骨干网络和GSP中的下采样过程。将第 0 阶段的输出 $Y_0 = \begin{bmatrix} x_1 & x_2 \\ x_3 & x_4 \end{bmatrix}$ 简记为 $Y_0^i = x_i$，则第 1 阶段输出 Y_1^i 可表示为

$$Y_1^i = F_1\left(D\left(x_i\right)\right) + D'\left(x_i\right) \triangleq d\left(x_i | f, w, w'\right) \tag{2.12}$$

其中，f, w, w' 分别对应特征提取、骨干网络下采样、GSP下采样的权重。

由以上公式可知，在本章提出的联合跨层级语义信息的高分辨率信息恢复与生成方法中，也存在像素之间的对应关系，每个像素可以融合所有尺度的特征，同时保留自己的分辨率。该方法实现了不同阶段特征的融合，构建了不同尺度的特征金字塔，提供了有效的上下文信息，并输出高分辨率的语义图。由于不同层次的特征在语义解析中是相互补充的，因此该方法能够有效捕捉和利用"全息"语义。

2.4.3　与现有方法对比

目前有一些方法可以生成带有语义信息的多分辨率输出，具有代表性的是HRNet[5]和DDRNet[113]，本章的联合跨层级语义信息的高分辨率信息恢复与生成方法与现有方法的结构对比示意图如图2.5所示。

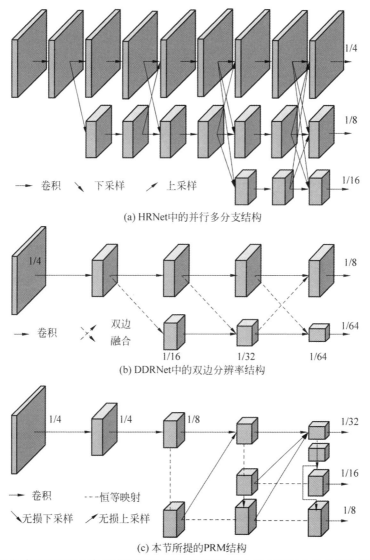

图 2.5　联合跨层级语义信息的高分辨率信息恢复与生成方法与现有方法的结构对比示意图

　　具体来说，HRNet 有多个连续的分辨率，任何两个分支的信息在每个阶段后都要进行交换。值得注意的是，HRNet 在每个分支上都进行卷积，虽然这有利于多尺度的特征提取，但它消耗了大量的计算，影响了实时性能。DDRNet 事实上只输出两种分辨率，并且只将任意分辨率与1/8 比例融合。此外，DDRNet 还在1/8比例上进行特征提取，同时不断对特征图进行降采样。

　　与此不同的是，本节所提出的方法只是保留了不同分辨率的特征图，并在每个阶段后融合任意两个分辨率的特征图，在同比例的特征图之间没有额外的卷积操作。因此，与HRNet 和DDRNet 相比，本节所提出的模块是极其轻量的，并且同时确保了每个分辨率分支都有语义信息和空间位置关联。

2.5　实验结果与分析

　　本节首先搭建了实验模型；然后在 Cityscapes[107] 数据集的验证集上进行了消融研究，并探究了本章提出的每个方法的参数设置；最后，本节报告了应用本章方法在 Cityscapes[107]、CamVid[105]、COCO-Stuff[108]、ADE20K[109] 等公开数据集上的结果，并与最先进的方法进行了比较，说明了本章提出方法的优越性。

2.5.1　实验模型构建

　　为了验证本章所提出方法的有效性和优越性，本节以最常用的 ResNet-18 和 ResNet-34 骨干网络为基础，将标准 ResNet 的前两个阶段替换为2.2节提出的无步长快速降采样策略；将第3~5阶段的下采样替换为2.3节提出的具有相互引导性的下采样过程；并在这三个阶段应用2.4节提出的联合跨层级语义信息的高分辨率信息恢复与生成方法，从而构建了本节中的实验模型，称为 HoloParser，该网络模型详细参数配置如表2.2所示。

表 2.2　HoloParser 网络模型详细参数配置表

网络阶段	特征图大小	ResNet-18 模型	ResNet-34 模型
输入	512×1024	图像输入	图像输入
快速降采样	128×256	NFD, $N=2$, $C_{out}=64$	NFD, $N=4$, $C_{out}=64$
阶段3	64×128	PRM$\left\{\begin{bmatrix} 3\times3,\ 128 \\ 3\times3,\ 128 \end{bmatrix} \times 2\right.$	PRM$\left\{\begin{bmatrix} 3\times3,\ 128 \\ 3\times3,\ 128 \end{bmatrix} \times 4\right.$

续表

网络阶段	特征图大小	ResNet-18 模型	ResNet-34 模型
阶段4	32×64	$\text{PRM}\left\{\begin{bmatrix}3\times3,\ 256\\3\times3,\ 256\end{bmatrix}\times2\right.$	$\text{PRM}\left\{\begin{bmatrix}3\times3,\ 256\\3\times3,\ 256\end{bmatrix}\times4\right.$
阶段5	16×32	$\begin{bmatrix}3\times3,\ 512\\3\times3,\ 512\end{bmatrix}\times2$	$\begin{bmatrix}3\times3,\ 512\\3\times3,\ 512\end{bmatrix}\times3$
语义解析	512×1024	像素级分类，8倍插值	像素级分类，8倍插值
参数量		16.44M	22.76M
计算量		13.06G	25.80G

2.5.2　消融研究

本节在表2.2中的ResNet-18中通过分别消融本章提出的方法来说明其有效性。为保证对比公平性,本节采用经典的UNet语义解析架构作为对比基线,并将其1/8尺度输出作为最终语义解析结果。HoloParser各组成部分消融研究结果见表2.3。

表 2.3　HoloParser 各组成部分消融研究结果

NFD	GSP	PRM	参数量	计算量	mIoU	推理时间
—	—	—	14.15M	25.22G	68.3%	10.06ms
✓	—	—	14.09M	22.46G	69.2%	8.51ms
—	✓	—	19.36M	25.97G	69.9%	10.75ms
—	✓	✓	16.52M	16.02G	74.7%	9.66ms
✓	✓	✓	16.44M	13.06G	76.5%	8.15ms

表2.3中标记有✓的符号说明该模型应用了对应的方法。由于PRM是由GSP组成的,所以在消融研究中PRM总是和GSP一起出现。本节在消融研究中首先验证了NFD、GSP在UNet网络架构中的有效性,然后再加入PRM进行进一步研究。表中第一行代表UNet-ResNet18对比基线,最后一行则是本章提出的"全息"网络架构。后文将详细分析和讨论消融实验所取得的结果。

1. 结构信息留存策略的实验分析

1）参数设置研究

在基于无步长快速降采样（NFD）的结构信息留存策略中,卷积层的数量 N

是一个可配置的参数，本节针对不同的 N，进行了一系列的实验，结果如表2.4所示。可以看出，当 $N < 2$ 时，网络的性能并不理想，而当 $N > 2$ 时，网络性能的提高并不明显，反而带来计算量的增加和实时性的降低，所以在文章中，设定 $N = 2$。

表 2.4 对无步长快速降采样中可配置参数 N 的研究结果

N 设置	参 数 量	计 算 量	mIoU	推 理 时 间
0	14.02M	20.04G	67.9%	7.78ms
1	14.06M	21.25G	68.4%	8.19ms
2	14.09M	22.46G	69.2%	8.51ms
3	14.13M	23.67G	69.35%	8.91ms
4	14.17M	24.89G	69.43%	9.33ms

2）功能分析

分析表2.3可知，NFD可降低计算成本，加快推理时间，提高网络精度。图2.6展示了消融NFD前后网络分割效果的部分示例。此外，图2.7从反向传播梯度和激活映射可视化的角度进一步研究了NFD的作用机理。

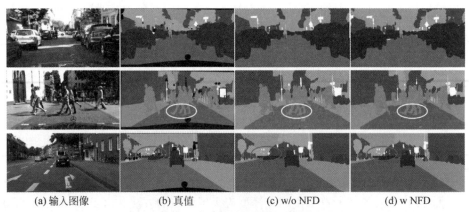

(a) 输入图像　　　(b) 真值　　　(c) w/o NFD　　　(d) w NFD

图 2.6　消融 NFD 前后网络分割效果的部分示例

由图2.6可知，NFD的作用主要体现在两方面：一是使边界细节更加准确（第一、二行），二是使微小物体的检测更加有效（第三行）。

在图2.7对应的实验中，本节首先分别提取了对应网络输出分割结果（图2.7B行）的边缘图（图2.7C行），并通过激活映射可视化手段显性阐释了NFD对于分割结果边缘的贡献（图2.7D行）。从图2.7中D行的高亮的轮廓可以看出，应用了NFD的模型的分割轮廓更为明显、完整、准确，这说明NFD对分割边缘的贡献更大，分割精度更高。证明了NFD能使更多的结构信息对最终的分割结果做出贡献，从而提高了边界的准确性。

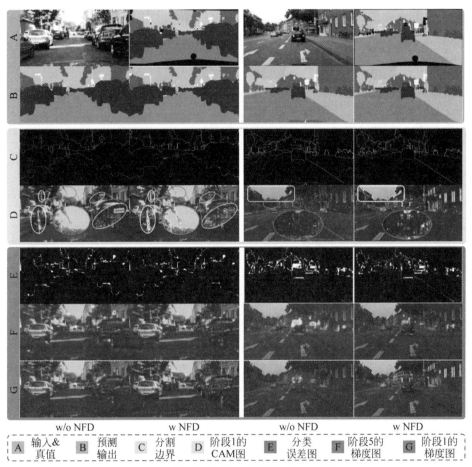

图 2.7　无步长快速降采样的作用机理研究

此外，为进一步说明NFD的有效性，本节对网络反向传播中的梯度进行了可视化。通过使用交叉熵来量化损失将其可视化为误差图，如图2.7E行所示。进而按照反向传播规则计算每个网络阶段的梯度，图2.7F行和G行分别显示了阶段5和阶段1的梯度图。对比G行结果可知，在输入图像预处理阶段，有NFD的网络能够接收大量的有效梯度，而没有NFD的网络只能接收少量的梯度。对比F行可知，没有NFD的网络基本上是从深层网络阶段推断和恢复结构信息，这增加了训练难度。这表明，NFD在训练边界精度方面更有优势。

2. 具有相互引导性的上-下采样对的实验分析

1）每个组成部分的有效性

具有相互引导性的上-下采样过程（GSP）包括一个下-上采样过程和一个全局依赖建模过程，本实验验证了各组成部分的有效性。为了便于比较，实验中使用步长为2的3×3卷积-反卷积来代替下-上采样过程。实验结果见表2.5，这表明GSP实现了最佳的速度-准确度折中。

表 2.5　对具有相互引导性的上-下采样过程中各组成部分的有效性研究结果

卷积-反卷积	下-上采样	全局依赖建模	参数量	计算量	mIoU	推理时间
✓	—	—	16.73M	30.66G	69.2%	10.71ms
✓	—	✓	18.36M	32.28G	69.7%	11.26ms
—	✓	—	14.39M	25.97G	69.0%	10.00ms
—	✓	✓	19.36M	25.97G	69.9%	10.75ms

2）功能分析

GSP提高了识别精度，但由于全局注意力机制的存在，引入了额外参数。图2.8消融GSP前后分割效果示例展示了GSP在识别效果上的两大优势：图2.8(a)对远处小物体的感知更为有效（第一行和第二行）；图2.8(b)在复杂和相似背景下的分割边界更具准确性（第三行）。此外，为探究GSP在空间相关性保存和恢复方面的机理，GSP的消融实验对比了以下两个网络：图2.8(a)使用GSP的模型，以及图2.8(b)用卷积和反卷积替换图2.8(a)中的GSP。由于网络第4阶段输入（In−4）和上采样输出（Up−4）恰好形成一对下采样-上采样，其可视化结果如图2.9所示。

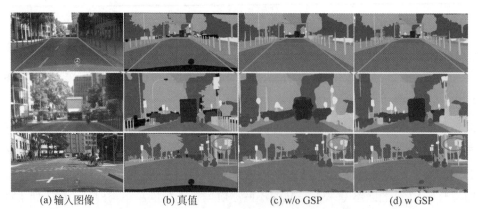

(a) 输入图像　　　(b) 真值　　　(c) w/o GSP　　　(d) w GSP

图 2.8　消融具有相互引导性的上-下采样过程前后网络分割效果的部分示例

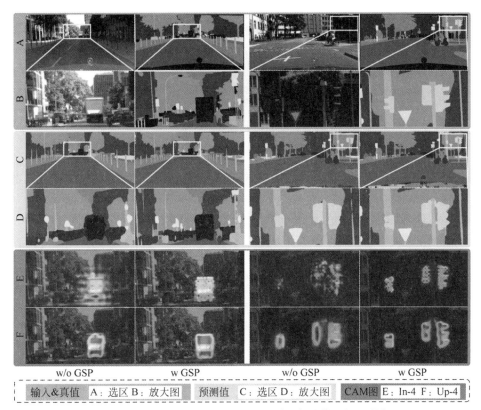

| 输入&真值　A：选区 B：放大图 | 预测值　C：选区 D：放大图 | CAM图　E：In-4 F：Up-4 |

图 2.9　具有相互引导性的上-下采样过程的作用机理研究

注意到图2.9的第E和F行，针对一对上-下采样的激活映射可视化结果显示，使用了GSP的网络在下采样的输入和上采样的输出之间有很高的形状相关性，而没有使用GSP的网络则该相关性较低。这揭示了GSP在早期空间相关性保留和后期分辨率恢复方面的运作机理。

3. 层次化高分辨率信息恢复与生成的实验分析

PRM与GSP一起大幅改善了网络的准确性和实时性。图2.10中的消融PRM前后分割效果示例表明PRM能够实现不同层次的语义信息的融合。具体体现在：图2.10(a)各种尺度的细长物体能被更好地感知（第一行）；图2.10(b)小物体，（如细长的电线杆）在大的背景中很容易被忽略，而PRM避免了语义混淆（第二行）；图2.10(c)第三行中被标记的部分由于远处场景的分辨率较低而难以区分，而PRM可以通过多级上下文聚合由近处语义信息推断远处分割结果。

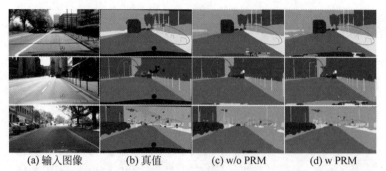

| (a) 输入图像 | (b) 真值 | (c) w/o PRM | (d) w PRM |

图 2.10　消融联合跨层级语义信息的高分辨率信息恢复与生成方法前后分割效果部分示例

2.5.3　与当前先进方法的性能对比

本节在Cityscapes[107]测试集上将HoloParser与当前先进实时语义解析算法进行速度（FPS）与准确率（mIoU）的对比，图2.11提供了直观的对比结果，图中越靠图右边的方法推理速度越快，越靠上面的方法准确率越高。具体对比结果详见表2.6。

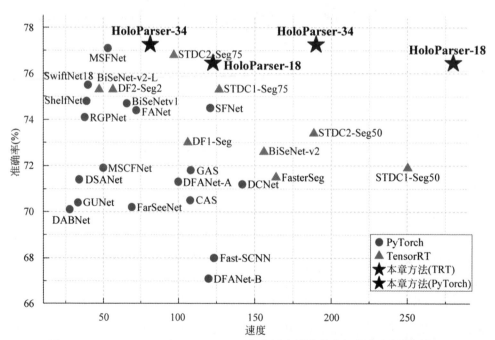

图 2.11　Cityscapes 上 HoloParser 与先进方法在速度与准确率上的对比图

表 2.6　HoloParser 与现有先进方法在 Cityscapes 测试集上的对比

算 法 名 称	评测 GPU 型号	mIoU(%)	推理速度 (FPS)	
			(PyTorch)	(TensorRT)
Fast-SCNN[11]	Titan Xp	68.0	123.5	—
DABNet[92]	GTX 1080 Ti	70.1	27.7	—
DFANet A[29]	Titan X	71.3	100	—
DFANet B[29]	Titan X	67.1	120	—
BiSeNet v1[28]	Titan Xp	74.7	65.6	—
SwiftNet-18[114]	GTX 1080Ti	75.5	39.9	—
FANet[115]	Titan X	74.4	72	—
ShelfNet[116]	GTX 1080Ti	74.8	39	—
RGPNet[117]	RTX 2080Ti	74.1	37.8	—
DCNet[118]	RTX 2080Ti	71.2	142	—
GAS[119]	Titan Xp	71.8	108.4	—
CAS[120]	GTX 1070	70.5	108	—
FarSeeNet[121]	Titan X(M)	70.2	69	—
HMSeg[122]	GTX 1080Ti	74.3	83.2	—
DSANet[123]	GTX 1080Ti	71.4	34.1	—
SFNet[124]	GTX 1080Ti	74.5	121	—
MSFNet[125]	RTX 2080Ti	77.1	53	—
BiSeNet v2[39]	GTX 1080Ti	72.6	—	156
BiSeNet v2-L[39]	GTX 1080Ti	75.3	—	47.3
FasterSeg[94]	GTX 1080Ti	71.5	—	163.9
STDC1-Seg50[10]	GTX 1080Ti	71.9	—	250.4
STDC2-Seg50[10]	GTX 1080Ti	73.4	—	188.6
STDC1-Seg75[10]	GTX 1080Ti	75.3	—	126.7
STDC2-Seg75[10]	GTX 1080Ti	76.8	—	97.0
DF1-Seg[93]	GTX 1080Ti	73.0	—	106.4
DF2-Seg1[93]	GTX 1080Ti	74.8	—	67.2
DF2-Seg2[93]	GTX 1080Ti	75.3	—	56.3
HoloParser-18	TiTan X	76.5	98.0	181
	GTX 1080Ti		111.1	190
	RTX 2080Ti		122.7	**281**

续表

算 法 名 称	评测GPU型号	mIoU(%)	推理速度 (FPS)	
			(PyTorch)	(TensorRT)
HoloParser-34	Titan X	**77.3**	63.2	116
	GTX 1080Ti		71.4	119
	RTX 2080Ti		81.3	180

为了公平比较,本实验分别列出了使用PyTorch和TensorRT平台在两种常见的GPU上的推理速度。在表2.6所列的方法中,本章所提出的HoloParser获得了最高的准确率和推理速度。与具有相似精度的STDC2-Seg75模型相比,HoloParser-18的推理速度要快2倍以上。与MSFNet相比,HoloParser-34在相同的GPU上获得了1.5倍的速度提升,且具有相似的准确率。

本节还在CamVid数据集上进行了HoloParser与现有先进方法的对比验证,结果见表2.7,其中MSFNet*表示在768×512分辨率下的测试结果,而MSFNet**的分辨率则为1024×768;其他所有方法的评测指标都是在960×720分辨率下获取的。表中结果能够明确体现本章提出方法的有效性与优越性。

表 2.7 HoloParser 与现有先进方法在 CamVid 数据集上的对比

算 法 名 称	评测GPU型号	mIoU(%)	推理速度 (FPS)	
			(PyTorch)	(TensorRT)
DFANet A[29]	Titan X	64.7	120	—
DFANet B[29]	Titan X	59.3	160	—
BiSeNet v1[28]	Titan Xp	65.6	175	—
FANet[115]	Titan X	69	154	—
RGPNet[117]	RTX 2080Ti	66.9	90.2	—
DCNet[118]	RTX 2080Ti	66.2	166	—
CAS[120]	GTX 1070	71.8	169	—
GAS[119]	Titan Xp	72.8	153.1	—
DSANet[123]	GTX 1080Ti	69.9	75.3	—
SFNet[124]	GTX 1080Ti	73.8	35.5	—
MSFNet*[125]	RTX 2080Ti	72.7	160	—
MSFNet**[125]	RTX 2080Ti	75.4	91	—
BiSeNet v2[39]	GTX 1080Ti	72.4	—	124.5
BiSeNet v2-L[39]	GTX 1080Ti	73.2	—	32.7

续表

算法名称	评测GPU型号	mIoU(%)	推理速度 (FPS)	
			(PyTorch)	(TensorRT)
STDC1-Seg[10]	GTX 1080Ti	73.0	—	197.6
STDC2-Seg[10]	GTX 1080Ti	73.9	—	152.2
HoloParser-18	TiTan X	75.7	82.8	150
	GTX 1080Ti		95.3	156
	RTX 2080Ti		113.2	**212**
HoloParser-34	TiTan X	**77.7**	48.6	91
	GTX 1080Ti		59.5	97
	RTX 2080Ti		63.9	127

2.5.4 算法优势与局限性分析

为了更好地展示所提出的HoloParser的优越性和局限性，本节提供了8个样例做进一步讨论，如图2.12所示。

其中，G组展示了一些分割效果良好的例子，这些例子证明了HoloParser在边缘准确性、小物体识别、多尺度学习等方面的优势。值得注意的是，一个分割良好的例子并不意味着它与真值完全相同，而是指分割结果除了一些边缘错误和人眼几乎无法辨别的小错误外，基本上是正确的。

F组是一些典型失败案例。其中，F1显示了一个在大背景干扰下的失败案例，这本质上是一种由多级语义聚合引起的语义混淆。该样本也代表了一类前景物体与背景非常相似的场景，说明本章提出的方法未提高网络对于相似语义的分辨能力。F2和F3是困难样本。如果只看被圈起来的区域，那么HoloParser给出的分割结果似乎并没有什么不对。但是，如果观察被圈起来的区域与周围的关系，会发现结果是错误的。这说明本章所提出的方法没有建立空间像素间的长距离依赖关系，未充分考虑到像素间的交互与关联。F4展示了对场景远端骑行者判断的失误，即未能准确关联人与自行车的交互关系，显示了HoloParser在捕捉长距离上下文关联方面的不足。

此外，本节还讨论了算法在面对传感器噪声下的性能。SN组分别显示了算法在光晕和过度曝光、背光下暗场以及运动模糊情况下的表现。结果表明，该模型对常见传感器噪声具有鲁棒性。HoloParser 可以有效地处理有噪声的输入图像，并提供高质量的分割结果。

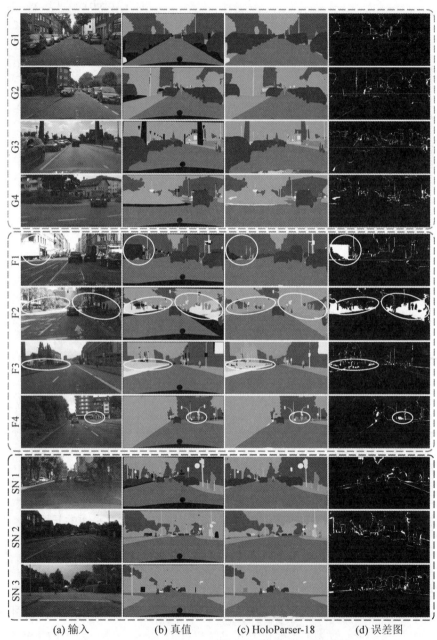

(a) 输入　　　　　(b) 真值　　　　(c) HoloParser-18　　　(d) 误差图

图 2.12　HoloParser 算法优势与局限性分析样例

事实上，相似背景干扰下的语义混淆、像素间的长距离关联和物与物之间的交互性较差等问题，其实并非通过简单优化信息传递机制就能解决，本书将在第3章通过提升网络稠密特征提取能力来改善这些问题。

2.6 本章小结

本章从语义解析网络信息流传递的角度设计了"全息"网络架构，并进一步针对网络中涉及分辨率变化的过程提出了对应的解决方法。首先本章提出了基于无步长快速降采样的结构信息留存策略来处理大尺度输入图像，从而保留"全息"结构；然后提出了具有相互引导性的上-下采样过程，来对分辨率变化时的空间进行"全息"相关性建模与检索；最后设计了联合跨层级语义信息的高分辨率信息恢复与生成方法，来融合多分辨率分支信息，通过"全息"语义融合产生精确的分割结果。本章所提出的方法不仅可以应用于语义解析网络，还可以应用于目标检测、目标跟踪、图像生成等同时涉及下-上采样过程的任务，具有一定的推广价值和启发作用。

面对相似背景干扰下的语义混淆、像素间的长距离关联和物与物之间的交互性较差等问题，本书将在第3章通过研究网络稠密特征提取方法，从而构建像素间长距离关联和多尺度特征表征来改善。

第3章

空间多尺度特征学习

现有语义解析算法在面对像素间长距离关联构建和多尺度表征学习的需求时，普遍承受着巨大的计算负担，这与实时性要求背道而驰。与现有网络普遍在通道维度上进行知识建模的方法不同，本章创新地从空间邻域解耦和耦合的角度出发，提出了一种新的多尺度表征学习算法，在大幅减少网络冗余和运算负担的同时，显著提高网络特征提取能力。本章首先定义并实现了"邻域解耦"（neighbor decoupling，ND）和"邻域耦合"（neighbor coupling，NC）操作，通过互补的缩略图采样和整合实现了互逆的无损分辨率转换。随后，基于ND/NC操作，本章进一步提出了应用于网络不同阶段的两种空间维度建模方法：局部特征感知与全局依赖构建方法（local capture and global builder，LCGB），以及空间多尺度特征提取网络（spacewise multiscale feature extractor，SMFE）。其中，LCGB在2.2节所提出方法的基础上，进一步减少了运算负担，并在提取初始特征的同时，构建了全局上下文关联。SMFE则实现了空间维度上的低冗余多尺度稠密特征提取。本章所提出的方法，模型容量大、运算量低。实验证明，本章方法减少了特征冗余，优化了资源开销，提高了多尺度特征提取效率，仅用本章算法替换现有网络对应结构，即可实现更优的语义解析性能。

3.1 概述

深度网络学习到的特征存在大量冗余，造成了参数及计算资源浪费。因此，减少特征提取过程中的网络冗余，充分利用网络参数学习重要特征，并节约计算量成为提高语义解析算法实时性的重要途径。针对语义解析对多尺度特征学习及像素间长距离依赖建模的需求，绝大多数现有深度网络模型通常直接对整个图像/特征图进行全通道的信息建模。然而，这些方法往往面临着3.1.1节所述的问题。为此，本章提出了一种新的多尺度轻量学习体系，从一个新的角度来解决这些难题。具体研究内容与贡献详见3.1.2节。

3.1.1 拟解决的主要问题

本章拟解决的语义解析模型在特征提取方面的主要问题如下。

（1）**大尺度输入数据及特征的空间冗余性是导致深度网络计算瓶颈的关键因素**。输入图像与浅层特征由于相邻像素的高度相似性与关联性所导致的大量空间信息冗余，经具有局部感知特性卷积算子的传递、整合与抽象仍持续存在于各级特征表示中。因此大尺度图像的空间冗余最终会下沉至特征冗余，从而增加网络计算复杂度与模型存储需求。针对这一问题，现有方法通常以高效卷积设计[126-127]去除空间冗余或以复杂注意力机制[9]构建全局关联，却往往带来不可逆的信息损失或引入高昂的计算负担，从而影响算法的准确性或实时性。本章研究认为，无参数的空间表征可逆变换将有利于降低高维空间冗余表征学习的计算复杂度。受网页浏览器通过缩略图加载和预览大尺寸图片的启发，本章提出了邻域解耦与耦合概念：通过邻域解耦实现空间分组与去冗以获取特征缩略图，后通过邻域耦合实现空间恢复与聚合来生成无损高分辨率结果。

（2）**鉴于输入预处理中减少冗余和保留细节之间的矛盾，现有分割算法通常以不可逆的信息损失为代价来换取实时性能**。现有方法通常直接对整张输入在全部通道或分别在部分通道上进行建模。对输入图像全部通道进行建模的方法较为常见，这类方法[1,5,128]能较好建立多通道局部关联，但由于输入图像尺度较大，网络需要巨大的计算开销，影响其实时性；且在网络初级阶段，由于特征级别较弱，故输入的初始建模往往存在较大的特征冗余。而对输入图像分别在部分通道进行建模的方法最先由ResNeXt[2]提出，并由MobileNet[6]和ShuffleNet[8]发挥到极致。类似方法虽然尽可能压缩了网络参数量和计算量，却因通道间缺乏特征交流而造成不可逆的信息损失。本章借助缩略图思想，将输入图像在空间维度上解耦，抽取为多个缩略图，并分别在缩略图的全部通道上进行特征提取，以同时实现快速计算降维和完整信息建模。

（3）**在密集特征提取过程中，语义解析模型对多尺度表征的需求往往促使模型引入更多的计算负担**。由于语义解析场景中存在尺寸多样的物体和形状复杂的区域，现有的多尺度学习方案，如图像金字塔[32-33]和特征金字塔体系[34,125]，通常利用多核并行卷积在同一输入上进行多尺度特征提取以获得复合感受野。但此类方法会导致大量特征冗余及网络参数浪费，从而削弱实时性能。此外，基于特征融合的多尺度学习方法往往通过拉取多个阶段的输出并引入额外的参数进行特征聚合。此类方法一方面由于多条学习路径的存在，造成了网络训练中回传梯度的冗余，加剧网络训练难度；另一方面额外的特征聚合模块引入了不必要的参数和计算负担，同样会降低网络实时性。本章依旧从空间分组角度出发，通过空间解耦生成相近且互补的缩略图，并利用不同大小的卷积在分组缩略图上进行并行特征提取，从而实现低计算成本下的单步多尺度学习。

3.1.2　研究内容及贡献

针对3.1.1节所提出的科学问题，本章研究内容及贡献如下。

（1）本章提出了通过对空间子集（缩略图）进行信息建模与表征学习的新思想与新体系，并针对缩略图采样和聚合操作定义了邻域解耦/耦合算子。

（2）本章在2.2节方法的基础上，借助缩略图的概念，进一步构建了局部特征感知与全局依赖算法，实现了快速且无损的输入图像快速降维，进而高效捕获具有全局感受野和特征关联的初始特征。

（3）本章提出了空间多尺度特征提取算法，通过邻域解耦/耦合算子和多尺寸卷积实现了低计算量、低冗余度、大感受野的多尺度表征学习。

3.2　空间邻域解耦-耦合算子

本章提出的邻域解耦（ND）操作和耦合（NC）操作是一对可逆算子，可通过进行缩略图采样与聚合来实现无损的分辨率变换。具体而言，ND将空间邻域内的像素解耦为若干类似但互补的低分辨率子特征图（本章形象地将其称作缩略图）。相反，其逆过程NC用于恢复分辨率及邻域内的像素相关性。

3.2.1　算子定义

本章定义的ND/NC算子及其操作效果示意图可见图3.1上部。由于NC是ND的逆运算，本节在此只对ND进行详细阐述。从图像角度来看，对于大小为 $C \times H \times W$ 特征图，ND将其在空间维度上划分为 $r \times r$ 个网格，将每个网格内相对位置相同的像素分别组合，并保留像素原有通道，构成 r^2 个子图，每个子图大小则

变为 $C \times \dfrac{H}{r} \times \dfrac{W}{r}$，其中 C 为特征通道数，r 表示邻域大小。算法2给出了 ND 的具体实现。

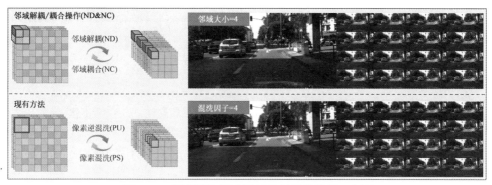

图 3.1 邻域解耦-耦合算子及其操作效果示意图

ND 的数学计算过程如下所示。记输入为 $\boldsymbol{X} \in \mathbb{R}^{[C,H,W]}$，按像素可表示为

$$\boldsymbol{X} = \begin{bmatrix} x_{11} & \cdots & x_{1w} \\ \vdots & \ddots & \vdots \\ x_{h1} & \cdots & x_{hw} \end{bmatrix} = (x_{ij})_{H \times W} \tag{3.1}$$

其中，$x_{ij} \in \mathbb{R}^C$ 表示具有全部通道信息的第 (i,j) 个像素。为便于描述，假设此处 H 和 W 都能被 r 整除（若无法整除，则进行边界补零至可整除状态），则 $\boldsymbol{X}$ 可被重写为分块矩阵的形式，即

$$\boldsymbol{X} = \begin{bmatrix} P_{11} & \cdots & P_{1\frac{w}{r}} \\ \vdots & \ddots & \vdots \\ P_{\frac{h}{r}1} & \cdots & P_{\frac{h}{r}\frac{w}{r}} \end{bmatrix} = (\boldsymbol{P}_{ij})_{\frac{h}{r} \times \frac{w}{r}} \tag{3.2}$$

其中，$\boldsymbol{P}_{ij} \in \mathbb{R}^{[C,r,r]}$，并可进一步表示为

$$\boldsymbol{P}_{ij} = \begin{bmatrix} p_{11} & \cdots & p_{1r} \\ \vdots & \ddots & \vdots \\ p_{r1} & \cdots & p_{rr} \end{bmatrix} \tag{3.3}$$

算法 2: 邻域解耦算子实现方式

输入 : $X \in \mathbb{R}^{[N, C, H, W]}$, 邻域大小 r
输出 : Y, 邻域解耦的结果——缩略图
函数定义: mod 取余计算
              floor 向下取整
              reshape 调整矩阵形状
              permute 多维矩阵转置

/*   按需求进行补零   */

padH $\leftarrow$ mod(H, r) ;   // 高度方向需填充 0 的数量
padW $\leftarrow$ mod(W, r) ;   // 宽度方向需填充 0 的数量

if padH!$= 0$ **or** padW !$= 0$ **then**
    | leftPad $\leftarrow$ floor(padW/2) ;
    | rightPad $\leftarrow$ padW $-$ leftPad ;
    | topPad $\leftarrow$ floor(padH/2) ;
    | botPad $\leftarrow$ padH $-$ topPad ;
    | fillPad(X, [leftPad, rightPad, topPad, botPad]);
end
$[N, C, H, W] \leftarrow X.\text{shape}()$;
$X' \leftarrow$ reshape$(X, [N, C, H/r, r, W/r, r])$;
$X'' \leftarrow$ permute$(X', (0, 3, 5, 1, 2, 4))$;
$Y \leftarrow$ reshape$(X'', [N, r^2 C, H/r, W/r])$;   // 输出

而 ND 每遍历一次 $\boldsymbol{P}_{ij}$ 便从中抽取一个元素来形成 $\boldsymbol{X}$ 的一组子集, 如下所示:

$$Y = \left\{ X(m, n) \mid I(m, n) = (P\langle m, n \rangle)_{\frac{H}{r} \times \frac{W}{r}}, \ m, n \in [1, r] \right\} \quad (3.4)$$

其中, $P\langle m, n \rangle$ 表示在 P 中第 m, n 个位置的元素。

在物理意义上, ND 将原始输入解耦成 r^2 个相似但互补的子特征图 (缩略图), 并将分辨率降低至原图的 $1/r$。由于缩略图的相似性, 每个缩略图可以代表原始输入的一部分, 并且 r 越小, 缩略图与原始输入就越相似。

3.2.2 与现有方法对比

"空间-深度" "深度-空间" 转换至少有四种方式, 其中像素混洗 (pixel-shuffle)[19] 和像素逆混洗 (pixel-unshuffle) 已经在很多任务中得到了广泛的应

用，并且已经作为标准函数集成到PyTorch中，本书第2章中应用的就是该操作。本节通过对比与ND具有相似功能的像素逆混洗操作来说明它们之间的差异。

在操作效果上，假设输入 $\boldsymbol{X} \in \mathbb{R}^{[B,\ C,\ H,\ W]}$，ND对像素的操作可以形象化地表示为

$$\text{ND} \triangleq \text{rearrange}\left(\boldsymbol{X},' BC\left(Hr\right)\left(Wr\right) \rightarrow B\left(\boldsymbol{r^2 C}\right) HW'\right) \tag{3.5}$$

而像素逆混洗则应表示为

$$\text{PU} \triangleq \text{rearrange}\left(\boldsymbol{X},' BC\left(Hr\right)\left(Wr\right) \rightarrow B\left(\boldsymbol{C r^2}\right) HW'\right) \tag{3.6}$$

虽然从直觉上看，这两组操作似乎只在周期性抽取像素的顺序上有所不同，但本章提出的ND操作允许在低分辨率空间中对像素进行分组，并赋予了每组独立的物理意义。正如图3.1中右边的对比示意图所示，ND将原始图像抽样为16张缩略图，这些缩略图与原始图像几乎完全相同，而像素逆混洗只是进行数学上的分组，其结果不具备可解释性。

对于一个大小为 $r \times r$ 的邻域，可以假设该邻域内的每个元素都有类似的特征，或者说该邻域内的每个像素能够在各自相同的空间位置代表不同的特征。因此，分别对生成的缩略图进行特征提取能够节省大量的计算。相比于分组卷积在通道维度上对特征图进行分组的方法，ND/NC操作实现了对特征图在空间维度上的分组计算。这是像素混洗/逆混洗无法实现的。

此外，由于卷积具有良好的空间不变性和通道特异性，因此ND采样的缩略图在提取特征时几乎可近似于原始输入（如图3.1上部所示）。而由于此时分辨率降低为原始输入的 $1/r$，故计算成本也被大大降低。然而，对于 pixel-unshuffle 来说，它在分组时打破了通道之间的关联性，并不能形成缩略图（如图3.1下部所示），更无法在后续的特征提取中具有与ND相同的能力。

3.3　初始特征的局部感知与全局建模

由于大尺度输入图像具有丰富的信息和极高的冗余度，故网络的输入预处理阶段对于提升网络实时性至关重要。基于以下三方面的考虑，本节在3.2节的基础上提出了一种输入及初始特征的局部感知与全局建模（LCGB）方法：①为了满足实时性要求，对图像进行快速降采样是极其必要的，但丰富的边缘和细节信息不

应被忽略；②足够的感受野对于提取初始特征是十分关键的，但会带来巨大的计算量，因而需要廉价的操作来释放计算负担；③图像整体的色调、亮度以及物体间关联可以为后续感知提供重要参照基础，因而全局感知与建模具有重要意义。

3.3.1 网络结构设计

图3.2详细绘制了LCGB网络结构示意图，其由三部分串联而成。首先，输入图像被ND解耦为大小为 $\left[3 \times 16, \dfrac{H}{4}, \dfrac{W}{4}\right]$ 的缩略图（16组3通道特征图）。然后，通过四个级联的卷积组合来捕捉局部特征，每个卷积组合包括一个分组数为16的 3×3 卷积，以提取每个组内的特征；及一个 1×1 逐点卷积，来融合各组特征。最后，将所有特征图串联，并通过轻量化的自注意力机制建立全局依赖。该自注意力机制的实现细节如图3.2中下方所示。

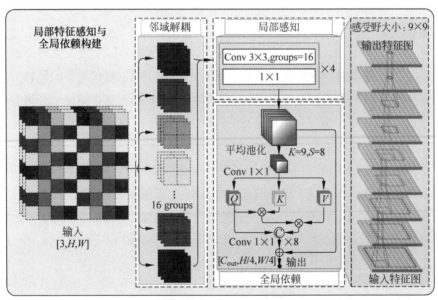

图 3.2　局部特征感知与全局依赖构建网络结构示意图

在建立全局依赖过程中为了避免产生过大的计算负担和内存占用，本节方法首先使用平均池化来减小特征图的大小，然后经过自注意力机制后插值回原始大小，并与输入相加。此处本章方法使用了核大小为 9×9 步长为8的平均池化层。关于该参数设置的说明，详见3.3.2节的分析部分。

3.3.2　性能分析

1. 设计原理

继承3.2节的思想，并受网络浏览器使用缩略图对超分辨率图像进行快速加载和浏览的启发，本节使用ND操作将原始图像解耦为16组互补的1/4大小的缩略图，从而减少了每组缩略图内的冗余，同时允许所有像素能够参与后续处理以避免信息丢失。

在局部感知（LC）部分，正如图3.1中的例子所示，由于输入图像存在高度冗余，故ND解耦出的16组缩略图是相似的，因此原输入预处理过程可以分解为两个阶段，即先在每个缩略图中提取特征，然后对所有特征进行融合即可。为了保持与标准ResNet相同的层数，LCGB应用了四个级联的卷积组合，每个卷积组合由一个分组数为16的3×3卷积和一个逐点卷积组成。

在全局依赖构建（GB）部分，LCGB使用平均池化层来进一步减少计算和内存占用。如图3.2的最右侧所示，LC输出映射到输入缩略图的感受野为9×9，这表明在特征图中每隔9个像素就没有计算关联。因此，本节将平均池化层的核大小设置为9，步长设置为8，这样所有池化结果都会有所重叠，从而在不丢失原有关联性信息的情况下尽可能降低分辨率。在计算自注意力机制后，本方法将结果通过双线性插值扩大到1/4图像大小，并与LC的输出相加，从而对整个输出构建了全局依赖。

2. 定量分析

在计算效率方面，假设输入为彩色图像$[C_{\mathrm{in}}, H, W]$（$C_{\mathrm{in}} = 3$），输出为$[C_{\mathrm{out}}, H/4, W/4]$，LCGB卷积的计算量如式(3.7)~式(3.9)所示：

$$\mathrm{FLOPs}_{\mathrm{LC}} = \frac{\left(9C_{\mathrm{in}}C_{\mathrm{out}} + C_{\mathrm{out}}^2\right)HW}{4} \tag{3.7}$$

$$\mathrm{FLOPs}_{\mathrm{GB}} = \frac{5C_{\mathrm{out}}^2 HW}{2048} \tag{3.8}$$

$$\mathrm{FLOPs}_{\mathrm{LCGB}} = \mathrm{FLOPs}_{\mathrm{LC}} + \mathrm{FLOPs}_{\mathrm{GB}} \tag{3.9}$$

感受野大小对初始特征提取至关重要。根据感受野的物理意义，同2.2.2节，本章也用原始输入图像中参与计算输出特征图中任一元素的像素数量（NPI）来量化感受野大小。除去GB获得的全局感受野，LC的感受野大小为9×9（48个通道）。换算至原始输入图像，可得LC的NPI为$9 \times 9 \times 48 = 3888$，这说明仅LC就获得了充足的感受野,具有提取有效的初始特征的能力。3.3.3节将通过与现有方法进行对比来进一步证明LCGB的优越性。

3.3.3 与现有方法对比

回顾2.2节中提到的典型网络输入预处理方法,LCGB与其结构对比示意图如图3.3所示。其中,图3.3(a)代表使用大卷积核级联池化层的单路径方法[1],图3.3(b)代表使用并行小卷积和池化层的方法[14],图3.3(c)代表单路径多个小卷积级联的方法[9],图3.3(d)是本节所提出的方法。从结构上看,LCGB与其他方法的主要区别在于,本节方法不是简单地使用卷积,而是设计了精巧的输入预处理流程,通过无步长的ND生成信息无损的缩略图,分别对各个缩略图进行多分支特征提取,并构建了全局注意力机制。

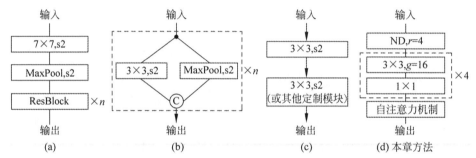

图 3.3 局部特征感知与全局依赖构建方法与现有方法结构对比示意图

LCGB与现有方法在感受野方面的定量对比见表3.1。与常用的ResNet-18网络结构相比,LCGB扩大了70%的感受野,而消耗的计算量却只有14.2%,这说明了LCGB在特征提取性能上的高效性。

表 3.1 LCGB与现有方法在感受野方面的定量对比

序 号	特征图大小	代表性工作	参数设置	计算量	NPI
(a)		ResNet-18[1]	$n=2$	6.065G	5547
(b)	[3,512,1024]	ERFNet[15]	$n=2$	0.414G	147
(c)	↓	HRNet[5]	—	1.455G	147
(d)	[64,128,256]	Ours(LC only)	—	0.854G	3888
(d)		Ours(LC+GB)	—	0.859G	All

3.4 高级特征的空间并行多尺度学习

语义解析需要充足的感受野和多尺度表征才能更好地完成密集预测任务。现有方法倾向于使用多个卷积核在通道维度上对相同的输入进行表征学习，这极有可能导致特征冗余。与现有方法不同，本节提出空间多尺度特征提取（SMFE）算法，通过在空间维度上进行多尺度特征提取，实现低运算量、低冗余、具有复合感受野的表征学习。

3.4.1 网络结构设计

空间多尺度特征提取（SMFE）算法采用解耦—变换—耦合的策略，结构示意图如图3.4所示。大小为 $[C_{\text{in}}, H, W]$ 的输入首先被 ND 解耦为 4 组大小为 $[C_{\text{in}}, H/2, W/2]$ 的缩略图；然后在每张缩略图上用不同的卷积核进行特征提取，得到 4 个形状为 $[C_{\text{out}}, H/2, W/2]$ 的输出（此处卷积组合中卷积核大小分别为 $\{1 \times 1, 3 \times 3, 1 \times 5, 5 \times 1\}$，选择此设置的相关分析详见表3.2）。最后，将所有通道级联，并使用一个 1×1 卷积进行特征融合。需要指出的是，如果该学习模块设定的步长为 1，则 1×1 卷积将 $4C_{\text{out}}$ 通道映射到 $4C_{\text{out}}$，并用 NC 来整合缩略图并恢复分辨率。否则 1×1 卷积将 $4C_{\text{out}}$ 通道映射到 C_{out}，并直接输出结果。

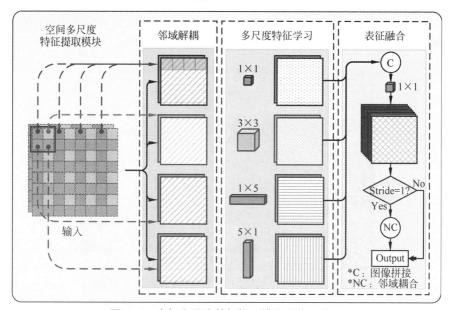

图 3.4 空间多尺度特征提取模块结构示意图

3.4.2　性能分析

SMFE在互补的缩略图上建立多尺度表征模型，在一定程度上避免了特征的冗余，大大减少了计算量。采用了多尺度和多形状的卷积核学习策略，有效提高了特征提取能力。

1. 设计原理

多分支结构已经被许多先前工作证明是有效的多尺度学习方式，其产生冗余的主要原因是对同一输入进行了多次特征提取。SMFE利用ND的空间解耦能力，生成了4组信息相似互补的子特征图（缩略图），每组缩略图都可以代表原始特征图信息，且分辨率大小只有原始输入一半。因此，当对每组缩略图进行卷积时，SMFE不仅可得到与全分辨率相似的结果，且能够节约大量计算成本。通过不同分支的多尺度学习和跨分支融合，SMFE便可获得丰富的多尺度特征。

对于多分支的卷积核参数设置，本节认为，场景解析的难点还集中于对细长的物体（如电线杆）、前景小而背景大的区域（如可以透过背景的长栅栏等）的感知效果较差。经研究发现，虽然对称卷积具有学习此类特征的能力，但非对称卷积的计算量和参数更少，具有对极端特征更敏感的优势。所以本章将多尺度卷积核与非对称卷积结合起来。SMFE中多尺寸多形状卷积核的学习效果如图3.5所示，可见非对称卷积使网络更容易提取具有极端尺寸的物体的特征，如电线杆、栅栏等。多尺度卷积则有利于提取同一物体在不同尺度上的特征。

图 3.5　SMFE 中多尺寸多形状卷积核学习效果示意图

SMFE在完成多尺度特征提取后，通过逐点卷积进行跨分支的特征融合。多尺度特征提取的输出在空间上是相关的：如果步长为1，则应用NC将特征从深度耦合到空间以恢复空间关联，如果步长为2，则直接输出半分辨率结果。

此外，考虑一种输入分辨率非常小的极端情况，假设输入特征图大小只有2×2，则SMFE退化为深度卷积串联逐点卷积的模式，即MobileNet结构，此时多尺度特征的提取仍然有效。

2. 定量分析

为便于描述，假设SMFE的输入和输出有相同的通道数且步长为1，即该输入/输出的形状为$[C, H, W]$，则SMFE的计算量可由式(3.10)～式(3.12)得出：

$$\text{FLOPs}_{\text{learning}} = (1 + 9 + 5 + 5)\, C^2 \frac{H}{2}\frac{W}{2} = 5C^2HW \tag{3.10}$$

$$\text{FLOPs}_{\text{fusion}} = 4C \times 4C \times \frac{H}{2}\frac{W}{2} = 4C^2HW \tag{3.11}$$

$$\text{FLOPs}_{\text{SMFE}} = \text{FLOPs}_{\text{learning}} + \text{FLOPs}_{\text{fusion}} = 9C^2HW \tag{3.12}$$

相比而言，标准ResNet中的基础残差模块ResBlock的计算量如下式所示：

$$\text{FLOPs}_{\text{resnet}} = (9 + 9)\, C^2 HW = 18C^2HW \tag{3.13}$$

对比式(3.12)和式(3.13)可得，SMFE比标准ResBlock节约了50%的计算量。

在特征提取能力方面，图3.6显示了SMFE在原始特征图上的等效多尺度核。与只有5×5感受野的ResBlock相比，SMFE具有更复杂、更宽阔的感受野，并且在特征采样方面具有一定的稀疏性，从而能够提供更强的特征提取能力。

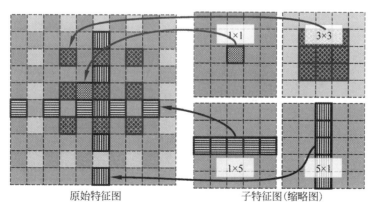

图 3.6　SMFE在原始特征图上的等效多尺度核示意图

3.4.3 与现有方法对比

现有方法大多在通道维度上采用分组卷积或多分支结构，遵循"分割—变换—合并"的方法实现多尺度学习与计算量削减，而本节所提出的方法是在空间维度上，按照"解耦—变换—耦合"的策略，在单步操作内实现多尺度并行学习。SMFE 与典型多尺度学习方法在结构上的对比示意图详见图3.7，其中图3.7(a)代表在同一输入上应用多尺度卷积核的方法[34]，图3.7(b)代表将输入在通道维度分组并分别使用多尺度卷积核的方法[129]，图3.7(c)代表对输入进行金字塔池化的方

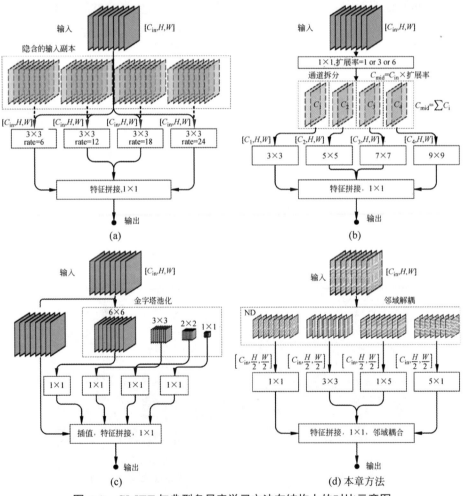

图 3.7　SMFE 与典型多尺度学习方法在结构上的对比示意图

法[35]。相关定量比较结果详见表3.2。对于图3.7(a)和图3.7(b)所代表的方法，特征图大小是恒定的，每组卷积核生成的结果是最终输出在通道维度上的一个子集，而在图3.7(c)中，特征金字塔是通过将输入转化为多个尺度来构建的，不同尺度的特征表征也是最终输出在通道维度上的一个子集。相比之下，在本节所提出的方法中，每组的通道数是恒定的，而特征图是原始输入在空间维度上的一个互补子集。

表 3.2　SMFE 与典型多尺度学习方法的定量比较结果

序号	尺　　寸	代表性工作	参 数 设 置		计 算 量
(a)		ASPP[34]	核大小 =[1,3,3,3]		17.20G
	[256,64,128]		空洞率 =[1,6,12,18]		
(b)	↓	MixNet[129]	扩张率 =6		7.01G
	[256,64,128]		核大小 =[3,5,7,9]		
(c)		PPM[35]	特征图大小 =[1,2,3,6]		2.70G
(d)		SMFE(本节)	核大小 =[1,3,(1,5),(5,1)]		4.84G

3.5　实验结果与分析

本节首先构建了4种不同模型容量的实验模型，称为NDNet，并在 Cityscapes[107]数据集的验证集上进行消融研究以充分验证本章每节提出方法的有效性；然后使用大型数据集ImageNet[130]上的预训练模型，在Cityscapes[107]和CamVid[105]数据集上进行重新训练与评测，并与现有先进方法进行了对比；最后讨论了本章所提出方法的优势与局限性。

3.5.1　实验模型

参照ResNet[1]和高效网络DFNet[93]的结构，本节构建了一系列模型容量不同的网络，表3.3为NDNet网络结构详细参数表。

3.5.2　消融研究

本节使用NDNet-18模型在Cityscapes[107]验证集的测试结果来展示本章所提出方法的有效性。为了进行公平的比较，与2.5节相同，本节将标准的ResNet-18 作为骨干网络，并将其中相应的结构替换为LCGB 和 SMFE。在高分辨率语义输出方面，本节使用了2.4节中提出的方法PRM。由于ND/NC贯穿于LCGB 和 SMFE

表 3.3 NDNet 网络结构详细参数表

网络阶段	输出特征图尺寸 (分类)	输出特征图尺寸 (分割)	NDNet-18	NDNet-34	NDNet-DF1	NDNet-DF2
输入	224×224	512×1024	图像输入			
输入预处理	56×56	128×256	LCGB,64	LCGB,64	LCGB,64	LCGB,64
阶段 3	28×28	64×128	[SMFE, 128]×2	[SMFE, 128]×5	[SMFE, 64]×3	[SMFE, 64]×2 [SMFE, 128]×1
阶段 4	14×14	32×64	[SMFE, 256]×2	[SMFE, 256]×6	[SMFE, 128]×3	[SMFE, 128]×10
阶段 5	7×7	16×32	[SMFE, 512]×2	[SMFE, 512]×3	[SMFE, 256]×3 [SMFE, 512]×1	[SMFE, 256]×1 [SMFE, 256]×4 [SMFE, 512]×2
任务 分类	1×1	—	依次: 全局池化, 1000 维全连接层, Softmax 函数			
任务 分割	—	512×1024	PRM (来自2.4节), 8 倍上采样			
参数量 分类	—	—	17.44M	37.54M	14.50M	33.33M
参数量 分割	—	—	18.69M	38.77M	15.57M	34.59M
计算量 分类	—	—	1.03G	1.99G	0.57G	1.18G
计算量 分割	—	—	13.39G	21.86G	7.37G	14.33G

之中，且无法独立剥离，因而本节在讨论LCGB和SMFE的作用之后，再分别对LCGB和SMFE中的ND/NC进行消融实验。

本节训练并验证了7个网络模型，表3.4给出了NDNet各组成部分消融研究结果，具体比较了各个模型在参数量、计算量、内存占用峰值、mIoU及推理时间等指标上的不同性能，其中最后一行代表是NDNet-18。值得注意的是，为了保证公平性，内存消耗是在TensorRT优化后的模型上进行评估的，这有助于避免因各种代码实现而产生的内存差异。后文将进一步对该结果进行详细分析。

1. 初始特征的局部感知与全局建模的实验分析

1）功能分析

表3.4显示LCGB大幅减少了计算量，同时将mIoU提高了约1%。然而，可能是由于多分支结构的原因，LCGB在推理速度上没有提升。图3.8中的消融LCGB前后网络分割效果样例说明了LCGB的优异表现：第一行显示了LCGB在扩大感受野方面的作用，第二行显示了具有长距离依赖性的上下文信息对分割结果的影响，第三行显示了LCGB在保存微小物体信息方面的优势。

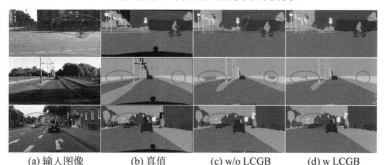

(a) 输入图像　　　　(b) 真值　　　　(c) w/o LCGB　　　　(d) w LCGB

图 3.8　消融初始特征的局部感知与全局建模方法前后网络分割效果样例

2）各组成部分有效性研究

LCGB由三部分组成：ND、LC和GB。本节分别研究了每一部分的作用，该实验中ND和LC被看作一个整体，因为它们共同实现了下采样和初始特征提取。表3.5展示了LCGB各组成部分有效性研究的实验结果，可以看出每个部分对最终结果都有积极的影响。

2. 高级特征的空间并行多尺度学习的实验分析

1）功能分析

SMFE有效提升了准确性（2%↑）和推理速度。然而，SMFE对所有缩略图进

表 3.4 NDNet 各组成部分消融研究结果

LCGB	SMFE	参数量	计算量	△计算量节约↓‡	内存占用峰值† 推理引擎(Engine)	内存占用峰值† 中间过程(Context)	内存占用峰值† 合计	△内存占用减少↓‡	mIoU	推理时间
—	—	14.15M	25.23G	—	68M	169M	237M	—	69.3%	12.56ms
√	—	14.03M	19.99G	20.8%↓	70M	146M	216M	8.9%↓	70.5%	11.76ms
—	√	20.61M	21.83G	13.5%↓	72M	156M	228M	3.8%↓	71.6%	10.22ms
√	—	**12.31M**	16.80G	33.4%↓	59M	136M	195M	17.7%↓	71.2%	11.78ms
—	√	18.81M	18.63G	26.2%↓	69M	136M	205M	13.5%↓	72.3%	10.02ms
√	√	18.69M	**13.39G**	46.9%↓	70M	**130M**	200M	15.6%↓	**73.7%**	**9.3ms**

注：† 内存占用峰值是在 TensorRT 优化后的模型上进行测量的，其中"推理引擎"（Engine）指的是计算流程图和权重的内存占用，"中间过程"（Context）是指与模型的各模块实现和中间结果相关的内存消耗。

‡ △是每个模型相对于基线（第一行）的减少比率。

表 3.5 初始特征的局部感知与全局建模方法各组成部分有效性研究

[C3, s2] × 2	ND + LC	GB	参 数 量	计 算 量	mIoU
√	—	—	12.31M	17.40G	69.96%
—	√	—	12.29M	16.79G	70.11%
√	—	√	12.32M	17.40G	70.89%
—	√	√	12.31M	16.80G	**71.22%**

注：表中"C3, s2"代表步长为2的3×3卷积。

行的多尺度特征提取，增加了网络参数。图3.9中的消融SMFE前后网络分割效果样例，说明了SMFE在三方面对网络性能的提升，包括对细长物体（远处的电线杆）、不同尺度的同一物体（人和自行车）以及前景与背景比例非常小的区域（长长的栅栏）等精确的感知与定位。

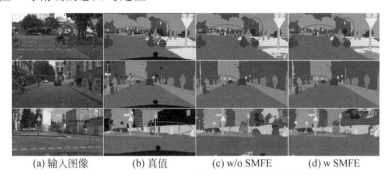

(a) 输入图像　　　(b) 真值　　　(c) w/o SMFE　　　(d) w SMFE

图 3.9　消融SMFE前后网络分割效果样例

2）参数设置研究

SMFE的各个分支可做不同卷积核设置，本实验研究了一些典型的卷积核组合，其性能表现如表3.6所示。

表 3.6　SMFE在不同卷积核设置下的性能对比

设 置	参 数 量	FLOPs	mIoU	推 理 时 间
核大小 = [3,3,3,3] 空洞率 = [1,2,3,5]	27.06M	23.46G	**73.02%**	14.50ms
核大小 = [1,3,(1,3),(3,1)] 空洞率 = [1,1,(1,2),(2,1)]	16.74M	17.42G	71.32%	**9.90ms**
核大小 = [1,3,(1,5),(5,1)] 空洞率 = [1,1,1,1]	18.81M	18.63G	72.30%	10.02ms

由表3.6中结果可以看出：虽然使用不同空洞率的 3×3 卷积可以获取较大的感受野以及最高的精度，但其计算开销是最大的，推理时间也是最长的。而表中第二行的设置所捕获的感受野虽与本章的相同，但其精度不高，速度优势也不明显，这可能是因为多空洞率设置造成了部分信息损失。综合考虑，本章采用了第三行所示的参数。

3）与现有代表性方法的性能对比

本节将SMFE与代表性多尺度学习方法进行了比较。本实验用 ASPP[34]、Mix-

Conv[129]和PPM[35]分别替换了NDNet-18中的SMFE，实验结果见表3.7。可见，SMFE在提升准确率和推理时间方面具有明显优势，这也是本章关注的重点。尽管MixNet在参数数量上有优势，但它的实时性能比SMFE差。这是因为MixNet虽然使用大量的深度可分离卷积大幅减少了参数的数量，然而并行的多分支深度可分离卷积计算对GPU并不友好，阻碍了其实时性能。ASPP的精度与SMFE最接近，但由于ASPP以不同卷积核大小对同一输入进行了多次卷积，导致其计算成本极高，严重影响了整体算法实时性。

表 3.7 SMFE 与代表性多尺度学习方法性能对比

方 法 名 称	参 数 量	FLOPs	mIoU	推 理 时 间
ASPP[34]	18.70M	24.27G	73.0%	11.97ms
MixNet[129]	**7.50M**	13.49G	72.6%	10.36ms
PPM[35]	14.66M	17.49G	71.6%	12.02ms
SMFE(本研究)	18.69M	**13.39G**	**73.7%**	**9.3ms**

3. 空间邻域解耦-耦合算子的实验分析

为了进一步探讨 ND/NC 与 pixel-unshuffle/shuffle（简称 PU/PS）对网络性能的影响，本实验将 LCGB 和 SMFE 中的所有 ND/NC 相应地替换为 PU/PS，实验结果如表3.8所示。从表中可以看出，用 PU/PS 代替 ND/NC 后，网络的准确性有所下降。这也证实了3.2.2节的分析，即通过对 ND 采样的不同缩略图进行卷积可以近似于对原始输入进行多次特征提取，从而在预测准确率相近的情况下，极大地减小计算量。与此相反，在 pixel-unshuffle 之后对结果进行分组，会导致通道间的关系被打破。因此，每组的通道信息是不平衡的，对不同组的特征提取也是不平衡和不充分的。对表3.8结果分析可知，PU/PS 对 SMFE 有极大的负面影响，这是由于 SMFE 中的多尺度核加剧了特征学习的不平衡性。因此，ND/NC 赋予了 LCGB 和 SMFE 以更强的特征提取能力。

表 3.8 空间邻域解耦-耦合算子消融实验结果

LCGB		SMFE		mIoU
ND/NC	PU/PS	ND/NC	PU/PS	
—	✓	✓	—	72.8%
✓	—	—	✓	72.3%
—	✓	—	✓	72.0%
✓	—	✓	—	**73.7%**

4. 内存占用分析

由于 ND/NC 仅改变了像素的排列方式，对内存占用不会产生影响，故而本节仅分析 LCGB 和 SMFE 对内存占用的影响。由表3.4可知，LCGB 和 SMFE 的加入都促进了总内存消耗的减少。由于多个缩略图的存在使得计算流图更加复杂，LCGB 略微提高了推理引擎的内存占用；但是，由于缩略图的尺寸较小，它也减少了中间结果的内存开销。同理，SMFE 由于更多的参数和多分支结构增加了推理引擎的内存使用量，但是由于 SMFE 在半分辨率特征图上进行卷积计算，其中间结果的内存占用也得以降低，综合推理引擎和中间变量情况，SMFE 在总体上仍降低了总的内存使用量。综合 LCGB 和 SMFE，NDNet 在推理引擎内存占用上获得了与基线相近的结果，但却大大降低了中间变量内存消耗，从而实现了最低的计算量以及最快的推理速度。这表明了本章所提出方法在减少内存用量和提高实时性能方面具有突出优势。

3.5.3　与当前先进方法的性能对比

本节首先在 ImageNet[130] 上进行预训练，并与基线模型进行对比；然后在 Cityscape[107] 和 CamVid[105] 数据集的测试集上进行实验，并与目前先进的实时语义解析算法进行对比。

1. 模型预训练

表3.9展示 NDNet 在 ImageNet 分类任务上的实验结果。可以看出，与原始网络（ResNet 或 DFNet）相比，NDNet 在提高准确率的同时，大大降低了计算成本。由于 NDNet 对每个缩略图都单独提取了特征，所以 NDNet 中的参数量较基线更多。对于实时系统而言，存储设备的发展使得存储能力已不再是主要瓶颈，相比之下，计算能力的限制更为关键，由3.5.2节分析，NDNet 在计算性能方面更有优势。因此，与标准的 ResNet 风格的网络相比，NDNet 在实时性和准确性上都更有优势。

表 3.9　NDNet 在 ImageNet 分类任务上的实验结果

网 络 名 称	参 数 量	计 算 量	计算量削减比例	Top-1 准确率
ResNet-18[1]	11.2M	1.82G	—	69.0%
NDNet-18	17.4M	**1.03G**	**43.4%↓**	**72.1%**
ResNet-34[1]	21.3M	3.67G	—	73.6%
NDNet-34	37.5M	**1.99G**	**45.8%↓**	**76.4%**

续表

网 络 名 称	参 数 量	计 算 量	计算量削减比例	Top-1 准确率
DF1[93]	8.0M	0.75G	—	69.8%
NDNet-DF1	14.5M	**0.57G**	**24.0% ↓**	**70.9%**
DF2[93]	17.5M	1.77G	—	73.9%
NDNet-DF2	33.3M	**1.18G**	**33.3%↓**	**75.4%**

2. 实时语义解析性能对比

本实验在Cityscapes[107]测试集上对NDNet进行了性能评估，并与目前先进的实时语义解析算法进行对比，如图3.10所示。具体对比数据可见表3.10。

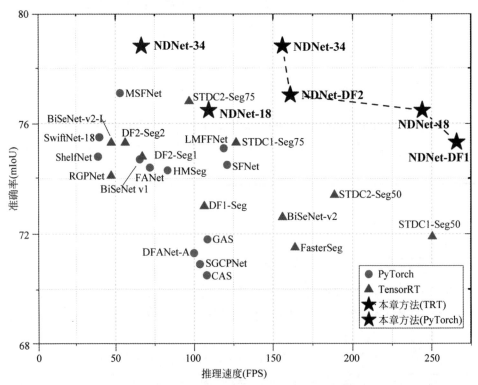

图 3.10　Cityscapes上NDNet与先进方法在速度（FPS）与准确率（mIoU）上的对比

由表3.10，NDNet在准确性和实时性方面都取得了优异的效果。为了公平比较，本节分别列出了使用PyTorch和TensorRT在两种常用的GPU上的推理速度。可以看出，NDNet比其他具有类似精度的方法快得多，例如，与STDC2-Seg75相比（mIoU 76.8% vs 76.47%（本章方法）），NDNet-18 在 RTX 2080Ti/Titan X 上
分别快了 2.52 倍/1.68 倍；与 MSFNet 相比（mIoU 77.1% vs 78.8%（本章方法）），
NDNet-34 在速度上快了 1.26 倍，同时获得了 1.6% 的准确率提升。

表 3.10　NDNet 与现有先进方法在 Cityscapes 测试集上的对比

方 法 名 称	输入分辨率	推理GPU型号	mIoU(%)	推理速度 (FPS)	
				PyTorch	TensorRT
DFANet A[29]	1024×1024	Titan X	71.3	100	—
DFANet B[29]	1024×1024	Titan X	67.1	120	—
BiSeNet v1[28]	768×1536	Titan Xp	74.7	65.6	—
BiSeNet v2[39]	512×1024	GTX 1080Ti	72.6	—	156
BiSeNet v2-L[39]	512×1024	GTX 1080Ti	75.3	—	47.3
SwiftNet-18[114]	1024×2048	GTX 1080Ti	75.5	39.9	—
FANet[115]	1024×2048	Titan X	74.4	72	—
ShelfNet[116]	1024×2048	GTX 1080Ti	74.8	36.9	—
GAS[119]	769×1537	Titan Xp	71.8	108.4	—
CAS[120]	768×1536	GTX 1070	70.5	108	—
HMSeg[122]	768×1536	GTX 1080Ti	74.3	83.2	—
SFNet[124]	512×1024	GTX 1080Ti	74.5	121	—
MSFNet[125]	1024×2048	RTX 2080Ti	77.1	41	—
SGCPNet[131]	1024×2048	GTX 1080Ti	70.9	103.7	—
LMFFNet[132]	512×1024	RTX 3090	75.1	118.9	—
FasterSeg[94]	1024×2048	GTX 1080Ti	71.5	—	163.9
STDC1-Seg50[10]	512×1024	GTX 1080Ti	71.9	—	250.4
STDC2-Seg50[10]	512×1024	GTX 1080Ti	73.4	—	188.6
STDC1-Seg75[10]	768×1536	GTX 1080Ti	75.3	—	126.7
STDC2-Seg75[10]	768×1536	GTX 1080Ti	76.8	—	97.0
DF1-Seg[93]	1024×2048	GTX 1080Ti	73.0	—	106.4
DF2-Seg1[93]	1024×2048	GTX 1080Ti	74.8	—	67.2
DF2-Seg2[93]	1024×2048	GTX 1080Ti	75.3	—	56.3
RGPNet[117]	1024×2048	RTX 2080Ti	74.1	—	47.2
NDNet-18	512×1024	TiTan X	76.47	90.9	163
		RTX 2080Ti		109.3	244

续表

方 法 名 称	输入分辨率	推理GPU型号	mIoU(%)	推理速度 (FPS)	
				PyTorch	TensorRT
NDNet-34	512×1024	TiTan X	**78.80**	52.6	103
		RTX 2080Ti		66.7	156
NDNet-DF1	512×1024	TiTan X	75.32	80.0	189
		RTX 2080Ti		105.2	**266**
NDNet-DF2	512×1024	TiTan X	77.03	48.3	119
		RTX2080Ti		62.5	161

NDNet 与现有先进方法在 CamVid[105] 测试集上的对比结果如表3.11所示,其中 MSFNet* 表示在 768 × 512 分辨率下的测试结果,而 MSFNet** 的分辨率则为 1024 × 768;其他所有方法的评测指标都是在 960 × 720 分辨率下获取的。该结果同样说明了本章方法在权衡语义解析任务准确率与推理速度方面的优越性。总体而言,本章所提出的方法达到了目前实时语义解析领域先进性能。

表 3.11　NDNet 与现有先进方法在 CamVid 测试集上的对比

方 法 名 称	输入分辨率	推理GPU型号	mIoU(%)	推理速度 (FPS)	
				PyTorch	TensorRT
DFANet A[29]	720×960	Titan X	64.7	120	—
DFANet B[29]	720×960	Titan X	59.3	160	—
BiSeNet v1[28]	720×960	Titan Xp	65.6	175	—
FANet[115]	720×960	Titan X	69.0	154	—
RGPNet[117]	720×960	RTX 2080Ti	66.9	90.2	—
DCNet[118]	720×960	RTX 2080Ti	66.2	166	—
GAS[119]	720×960	Titan Xp	72.8	153.1	—
CAS[120]	720×960	GTX 1070	71.8	169	—
DSANet[123]	720×960	GTX 1070	69.9	75.3	—
SFNet[124]	720×960	GTX 1080Ti	73.8	35.5	—
MSFNet[125]*	512×768	RTX 2080Ti	72.7	160	—
MSFNet[125]**	768×1024	RTX 2080Ti	75.4	91	—
BiSeNet v2[39]	720×960	GTX 1080Ti	72.4	—	124.5
BiSeNet v2-L[39]	720×960	GTX 1080Ti	73.2	—	32.7
STDC1-Seg50[10]	720×960	GTX 1080Ti	73.0	—	**197.6**

方 法 名 称	输入分辨率	推理GPU型号	mIoU(%)	推理速度 (FPS)	
				PyTorch	TensorRT
STDC2-Seg50[10]	720×960	GTX 1080Ti	73.9	—	152.2
NDNet-18	720×960	RTX 2080Ti	76.0	76.9	175
NDNet-34	720×960	RTX 2080Ti	**77.9**	52.7	108

3.5.4　算法优势与局限性分析

为了更好地展示NDNet的优越性和局限性，本节在Cityscapes[107]验证集上分别对推理速度最快的NDNet-18和准确率最高的NDNet-34进行了探究，并选择了图3.11所示的8个样例进行进一步分析讨论。

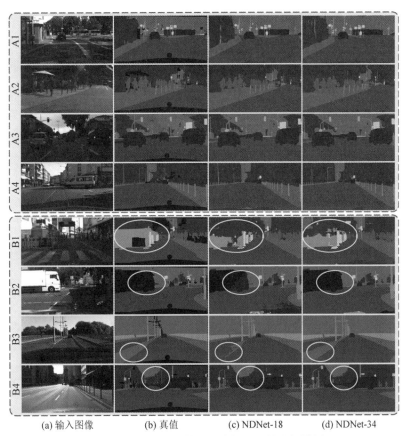

(a) 输入图像　　　　(b) 真值　　　　(c) NDNet-18　　　　(d) NDNet-34

图 3.11　NDNet算法优势与局限性分析样例

由上至下，本节在 A 组图中分别展示了 NDNet 在准确的边界定位、微小物体识别、多尺度目标感知、细长物体分割以及避免语义混淆等方面的能力。

而在 B 组图中则展示了一些失败案例。其中，图 B1 展示了一个在半透明背景（弱语义）干扰下的失败案例。图 B2 和图 B3 展示了不同感受野对分割结果的影响。具有大感受野的深层网络对大型物体及大面积干扰下的区域感知具有更强的预测能力。图 B4 显示了 NDNet 在预测远端电线杆上的不足。其原因在于两方面。一方面是远处的电线杆被建筑物的语义所淹没。另一方面是在特征提取过程中，电线杆在缩略图中的有效像素太少，导致了信息丢失。

针对图 B1~B3 所暴露的在多层级特征聚合时语义吞噬与感受野不足等方面的问题，本书将在第 4 章通过对知识表征问题的研究来进行优化。图 B4 则指出了邻域解耦方法的固有问题，而如何在缩略图生成和并行特征提取过程中处理像素关联以减少细小物体信息损失，则成为 NDNet 的未来工作之一。

3.6　本章小结

面对场景语义解析任务在大规模输入预处理、多尺度学习等方面挑战，本章提出了一种基于邻域解耦-耦合的新的空间维度表征学习方案。本章首先定义了邻域解耦（ND）及其逆运算邻域耦合（NC）；随后提出了用于大规模输入预处理的局部感知和全局依赖构建（LCGB）方法，和用于轻量级表征学习的空间多尺度特征并行提取（SMFE）网络。大量实验论证了本章所提方法的有效性和优越性。本章内容的未来工作包括使用轻量级操作进一步提高计算效率，特别是合并相邻的"解耦-耦合"操作，以及通过神经网络架构搜索（NAS）算法，设计合理的搜索空间与搜索机制，进一步确定适用于不同阶段的网络参数和更优的整体网络架构等。

面对多层级特征聚合时语义吞噬与感受野不足等问题，本书将在下一章通过研究知识表征方法，充分利用高维先验知识与多层级多尺度特征，实现全图感受野与特征高效融合。

第4章

频域下高效知识表征

考虑到现有卷积神经网络方法受限于卷积的局部感知能力而无法在单次或少数几次操作内实现图像全局建模这一理论瓶颈，本章将特征学习空间由传统的图像域空间拓展到频率域空间，探索了相应的模式感知与特征表征方法。本章首先挖掘了图像频域特性，提出并实现了一种可自适应图像大小的轻量级全图卷积算子（image-size convolution, IS-Conv），实现了单步操作内的全局信息提取。基于该算子，针对现有方法对图像空间结构描述层级低、感受野受限、难以同时表征边缘和区域信息的困境，本章提出了频域下全局空间结构建模方法（global structure representation path, GSRP），将空间结构描述问题转化为频域内的频谱选择问题，通过在频域内学习边缘与区域的一致性表征，实现了全局结构描述。针对目前特征融合过程信息过载，融合方法计算开销大、对特征利用不全面的瓶颈，本章提出因子化的立体注意力模块（factorized stereoscopic attention, FSA），引入了像素级层级间自注意力机制，通过对多维数据注意力机制在层级、通道、空间维度上的解耦，在大大减少计算开销的同时，实现了对特征的高效融合利用。实验表明，本章方法挖掘了高维知识先验，增强了高维知识表征的一致性、鲁棒性；仅在通用骨干模型上应用本章所述方法，即可获得优于现有方法的实时语义解析性能，突显了频域知识空间学习的重要性与有效性。

4.1 概述

场景语义解析模型如何同时做到空间信息的高效精准描述和多尺度多层级语义信息的低成本获取与融合，是长期以来的研究热点。然而，受限于卷积的局部感知特性，现有方法很难利用浅层卷积在图像上同时捕捉空间边缘及区域结构描述，也难以通过轻量级操作聚合多维特征。本章对特征提取机理及知识学习空间进行了探索，针对4.1.1节提出的科学问题，本章给出如4.1.2节所述的知识空间拓展挖掘与高效融合方法。

4.1.1　拟解决的主要问题

本章拟解决的场景语义解析网络在知识表征方面的主要问题如下。

（1）**图像卷积作为一种局部操作无法直接通过单一操作感知全局信息**。现有绝大多数针对视觉任务的深度学习算法主要通过在自然图像的空间和通道维度上进行卷积操作，来实现特征提取与模式感知。然而，由于卷积的局部感知特性，现有方法无法通过单一卷积实现全局感知。对比之下，基于Transformer[133]的方法虽然可以通过长距离建模获取全局感受野，却由于全连接层的大量使用而承受着巨大的计算负担，对实时网络极度不友好。本章受到现代控制系统将时域控制问题转化为频域响应问题，以及图像计算领域使用快速傅里叶变换（FFT）[134]进行卷积运算加速的启发，探索了频域下全感受野卷积核的自动生成与全图卷积高效计算方法。

（2）**现有空间结构描述方法因感受野受限，无法同时构建边缘与区域描述**。现有方法在空间结构描述方面的局限性重点体现在无法对纹理较多区域提取轮廓，对阴影、明暗等环境噪声鲁棒性差，对复杂背景下的前景提取能力差等。其根本原因是，现有方法[14-15,23]通常牺牲空间信息来换取实时推理性能，在空间结构描述中使用的卷积层数较少，导致其感受野极其有限，特征表征能力差，几乎只是基于局部色彩对图像进行边缘提取。在此情况下，空间描述分支难以提取有效结构特征，导致对分割结果的位置引导不足，甚至造成后期特征融合时的语义混淆。本章受到自然图像频谱分析理论[135]的启发，考虑到低频信息通常描述平滑变化的结构（如颜色、纹理相似的区域），而较高频信息通常描绘剧烈变化的结构（如边缘、噪声等）的特性，提出将空间结构描述问题转化为频域内的频谱选择问题，通过在频域内学习边缘与区域的一致性表征，实现全局结构描述。

（3）**高精度语义分割对多层级特征的需求与实时分割网络的低参数量配置形成矛盾，造成特征融合过程信息过载**。聚合多级特征对于捕获多尺度上下文信息以实现精确的语义分割至关重要。主流的语义分割算法中，金字塔式的特征融合模块（SPP[35]、ASPP[34]）经常被利用来丰富特征空间，却因需处理通道维度上成倍增加的特征图而导致计算成本急剧增加。此外，随着浅层和深层特征之间的语义差距随网络加深而不断增大，直接融合浅层和深层特征的方法也难以进一步提升分割精度。为此，一些新兴方法在多级特征融合时使用了注意力机制来重新权衡通道特征[136]或空间像素关联[60,137-138]。然而，现有方法忽略了不同层级特征之间的逐级关联，造成了特征空间冗余，导致了特征融合过程中的信息过载和复杂计算。本章提出立体注意力机制，并将其解耦为3个维度：层级间注意力、通道间注意力，以及像素间注意力，从而强调逐层次特征建模，并实现低成本下的高效特征融合。

4.1.2　研究内容及贡献

针对4.1.1节所提出的科学问题，本章研究内容及贡献如下。

（1）本章将语义解析的知识空间由图像域扩展至频率域，提出了在频率域学习图像特征的思想；并进一步提出了基于频域学习的全感受野卷积算子IS-Conv，实现了在单一算子下的全局信息建模。

（2）本章提出了频域下全局空间结构建模方法，将空间结构描述问题转化为频域内的频谱选择问题，通过频域学习获取图像边缘和区域的统一表征，实现了高效准确的结构特征描述。

（3）本章提出了基于立体注意力机制的高效特征融合算法，通过将注意力机制解耦为层次间注意力、通道间注意力和像素间注意力，实现了高效多层次跨模态特征融合，助力复杂模式感知。

4.2　全感受野卷积算子

感受野是影响特征质量的关键因素，感受野越大，网络在学习时参考的内容越多，提取到的特征质量也就越高。对于输入图像而言，执行与图像大小相同的卷积（本章称作：全感受野卷积）是单次操作下感受野最大化的处理方式，是对特征提取质量的最高要求。然而全感受野卷积的实现却面临以下困境：①随图像大小变化的动态卷积核尺寸；②海量训练参数；③巨大计算开销。为了解决这些困境，本节提出了基于频域特征学习的全感受野卷积算子。

4.2.1 网络结构设计

基于频域特征学习的全感受野卷积算子IS-Conv的网络结构如图4.1所示。为便于描述，本章使用 $\otimes$ 代表卷积运算，$X \in \mathbb{R}^{[C_{\text{in}},H,W]}$，$Y \in \mathbb{R}^{[C_{\text{out}},H',W']}$ 以及 $\mathcal{K}$ 分别代表输入、输出和全感受野卷积核。

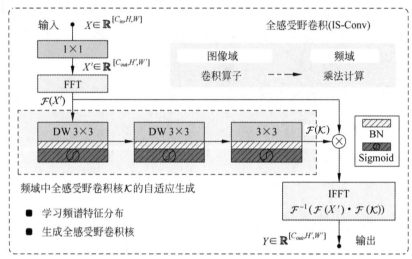

图 4.1 基于频域特征学习的全感受野卷积算子网络结构示意图

在进行频域特征学习之前，首先将 X 变换至 X' 以调整特征图至期望输出大小（包括长、宽、通道数）。由此，全感受野卷积算子可由式(4.1)表示，其中 ϕ 是 X 至 X' 的变换函数。

$$X' = \phi(X), \quad Y = X' \otimes \mathcal{K} \tag{4.1}$$

根据如式(4.2)所示的卷积定理，式(4.1)可改写为式(4.3)，其中 $\mathcal{F}\{\cdot\}$ 代表快速傅里叶变换，$\mathcal{F}^{-1}\{\cdot\}$ 代表逆快速傅里叶变换，且 $\mathcal{F}(X')$ 和 $\mathcal{F}(\mathcal{K})$ 是同形矩阵。

$$\mathcal{F}\{f \otimes g\} = \mathcal{F}\{f\} \cdot \mathcal{F}\{g\} \tag{4.2}$$

$$Y = X' \otimes \mathcal{K} = \mathcal{F}^{-1}(\mathcal{F}(X') \cdot \mathcal{F}(\mathcal{K})) \tag{4.3}$$

由式(4.3)与图4.1，基于频域特征学习的全感受野卷积算子的计算流程如下：

（1）使用一个权重为 $W_{\text{transition}}$ 的 1×1 卷积将输入 X 变换至 X'，如式(4.4)所示。然后通过快速傅里叶变换获取 X' 的频谱 $\mathcal{F}(X')$。

$$X' = \phi(X) = X \otimes W_{\text{transition}} \tag{4.4}$$

（2）利用一系列卷积在频谱 $\mathcal{F}(X')$ 上进行学习，并生成频域下的全感受野卷积核 $\mathcal{F}(\mathcal{K})$，如式(4.5)所示：

$$\mathcal{F}(\mathcal{K}) = \mathcal{F}(X') \otimes W_1 \otimes \cdots \otimes W_N \tag{4.5}$$

其中，$W_i\ (i \in N)$ 代表频域学习卷积核权重，本章将 N 设置为3，各卷积细节参数配置如图4.1中对应部分所示。

（3）将 $\mathcal{F}(X')$ 与 $\mathcal{F}(\mathcal{K})$ 相乘并通过逆快速傅里叶变换将特征图由频域变换至图像域，从而获取全感受野卷积输出。

由此生成的全感受野卷积核 $\mathcal{K}$ 对各种输入特征图大小具有自适应能力，且需学习的参数量极少，从而有利于灵活、高效、实时的训练与推理。

4.2.2 设计原理

卷积考虑的是图像域中局部像素的关联，其感受野受限于卷积核大小。相比之下，频域上的卷积学习则考虑了局部频率的相关性，能够提取具有特定模式的频率组合。由于输入特征图（或输入图像）中所有像素都参与了频谱的计算，频域学习在图像域中的等效感受野不再受卷积核大小的限制。同时，频率能更好地突出图像中某一特定模式的本质属性，例如，零频率代表特征图的全局平均值，低频代表颜色均匀或缓慢变化的区域，而高频则代表图像边缘和复杂的纹理信息。此外，频域学习也可以去除超高频噪声，从而提高特征的鲁棒性、稳定性。

得益于此，全感受野卷积核的频谱 $\mathcal{F}(\mathcal{K})$ 可看作通过频域学习而产生的权重掩码。该掩码通过与输入频谱相乘来实现频率选择，从而实现了对特定频率范围或模式的选取。由于图像域和频率域上的点并非一一对应，在频域中计算某一位置的信息时，对应空间域多个位置的信息，所以全感受野卷积算子具有全局感知能力。

4.2.3 性能分析

在参数量上，具有全局感受野的单一卷积和IS-Conv的参数量分别由式(4.6)和式(4.7)给出：

$$\mathrm{Params_{conv}} = C_{\mathrm{in}} C_{\mathrm{out}} HW \tag{4.6}$$

$$
\begin{cases}
\mathrm{Params}_{1\times1} = C_{\mathrm{in}}C_{\mathrm{out}} \\[2mm]
\mathrm{Params}_{W_{1,2,3}} = 18C_{\mathrm{out}} + 9C_{\mathrm{out}}^2 \\[2mm]
\mathrm{Params}_{\mathrm{IS\text{-}Conv}} = \mathrm{Params}_{1\times1} + \mathrm{Params}_{W_{1,2,3}}
\end{cases}
\tag{4.7}
$$

在计算复杂度上,FFT 和 IFFT 的计算复杂度为 $\mathscr{O}(H'W'C_{\mathrm{out}}\log_2(H'W'))$,频域内 IS-Conv 的计算复杂度为 $\mathscr{O}(HWC_{\mathrm{in}}C_{\mathrm{out}}+H'W'C_{\mathrm{out}}\log_2(H'W')+H'W'C_{\mathrm{out}}^2+H'W'C_{\mathrm{out}})$。将图像大小($HW$)视作主要变量,则 IS-Conv 的计算复杂度可简写为 $\mathscr{O}(HW\log_2(HW))$。相比之下,普通全局卷积的复杂度为 $\mathscr{O}(HWH'W'C_{\mathrm{in}}C_{\mathrm{out}})$,简记为 $\mathscr{O}(H^2W^2)$。因此,本节所提出的 IS-Conv 实现了线性复杂度,大幅降低了计算成本,尤其是对于大尺度的图像输入。

综上所述,IS-Conv 通过图像-频率变换和频域学习实现了全感受野卷积,从而在单步操作内实现了全局表征,并有效降低了计算量和参数量。

4.3 频域下全局空间结构建模

对于场景语义解析而言,区域和边缘同等重要,本章将这两者统称为空间结构信息。然而,各种空间结构特征往往来自网络的不同层次,即具有复杂纹理的区域往往只存在于语义信息较强的网络深层,而边缘信息则更多存在于网络浅层,因此边缘和区域的同步提取通常是对立的。现常用的使用浅层网络构建空间分支的方法,往往不能完整描述空间结构信息及其长距离依赖关系。

得益于 IS-Conv 对全局信息表述的有效性,本节提出将空间结构描述问题转变为频域中的频率选择问题。本节在 IS-Conv 的基础上构建了全局空间结构建模方法 GSRP,实现了边缘-区域一致性表征和全局依赖性捕获。

4.3.1 网络结构设计

本节所提出的频域下全局空间结构建模方法由一个 3.2 节所述的邻域解耦算子 ND、一个 IS-Conv 和一个过渡卷积构成,如图 4.2 所示。为了避免大尺度输入带来的巨大计算量和高空间冗余度,GSRP 首先使用 ND 算子将原始输入邻域解耦到 1/8 尺度,然后使用一个 IS-Conv 来提取丰富的边缘和区域信息,最后使用一个 1×1 卷积来重新组合不同特征并重组通道数为期望输出。

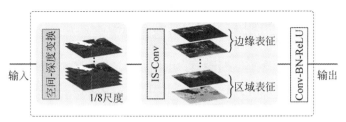

图 4.2 频域下全局空间结构建模方法网络结构示意图

4.3.2 设计原理

如前所述，无论是边缘还是区域，它们都是特征图在频域下的一种特定模式，可以通过恰当的频域学习来捕获。为了证明这一点，本节进行了一个简单实验，可得到如图4.3所示的在频域内构建边缘、区域描述示意图。具体操作为首先对输入图像进行 FFT 处理，然后若直接去除30%的低频成分，则可得如图4.3(b) 中所示的边缘图；若去除70%的高频成分，则可获取如图4.3(c) 中所示的区域图像。由此可见，通过在频域中恰当选择频率组合，即可实现边缘-区域的一致性表征。换言之，在频域中将空间结构信息描述问题转换成频率选择问题是合理且有效的。

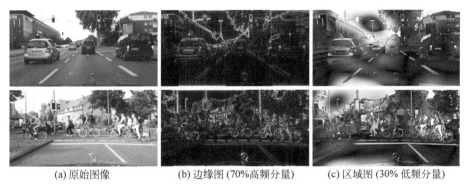

(a) 原始图像   (b) 边缘图 (70%高频分量)   (c) 区域图 (30% 低频分量)

图 4.3 频域内构建边缘、区域描述示意图

在计算效率上，GSRP 的计算成本主要存在于 IS-Conv 和过渡卷积层中。正如4.2.3节的分析，IS-Conv 具备高效计算能力，且过渡卷积层是在低分辨率图像上的1×1卷积，其计算成本极低，因此 GSRP 在计算上也是相当高效和经济的。

综上所述，GSRP 能够以高效经济的计算效率构建全局结构信息的一致性表征，从而为分割模型提供丰富而精确的位置信息。

4.4   因子化注意力机制下的融合表征

多尺度上下文和多层次语义已被证明是提升语义分割性能的关键。如前所述，现有特征融合方法往往受制于不同层次间的巨大语义差距，且存在由特征冗余引起的信息过载问题。为此，本节提出了因子化立体注意力机制FSA，将多层级特征融合解耦至三个维度：层级间、通道间以及空间像素间。FSA实现了轻量高效的上下文聚合和多尺度特征融合。此外，FSA引入了先前方法忽略的像素级逐层级注意力机制，实现了快速跨层级特征合并。

4.4.1   网络结构设计

基于因子化立体注意力机制的高效特征融合算法的网络结构如图4.4所示，其计算过程如下。

（1）对主干网络的1/32尺度输出进行金字塔池化，以构建多尺度上下文表征。为了适应非方形输入，金字塔池化的参数设置如图4.4中对应部分所示。

（2）通过1×1卷积和双线性插值对池化金字塔进行通道调整和尺度对齐，得到7组具有相同的大小和输出通道的特征组，记作F^i，其中$i \in [1,7]$。

（3）参照图4.4中"层级间注意力机制"所示网络结构，按以下步骤计算层级间注意力并执行跨层级融合。

①利用3×3卷积将每组特征图提炼为单通道特征，以此作为该层级特征的代表；随后通过1×1卷积逐像素计算每个层级的权重，并通过Sigmoid函数得到每组特征的"分数图"。该"分数图"的物理意义是，该组特征对融合输出特征图上每个像素的贡献程度。

②以S为权重，对所有组进行加权求和，得到融合输出F_{fuse}。

（4）参照图4.4中"通道间注意力机制"所示网络结构，按以下步骤计算通道间注意力。

①对特征图F_{fuse}执行全局池化，以获得各特征的全局近似；经过两层1×1卷积计算各通道对整体特征的贡献程度，并通过Sigmoid函数转化为各通道权重。

②将原特征图与通道权重相乘，得到通道间注意力输出。

（5）参照图4.4中"空间注意力机制"所示网络结构，按以下步骤计算空间像素全局依赖。

①将输入特征图分别经过三个1×1卷积并将空间维度重组为一维向量,从而获取$\boldsymbol{K}$、$\boldsymbol{Q}$、$\boldsymbol{V}$向量。

②将$\boldsymbol{K}$与$\boldsymbol{Q}$向量做矩阵乘法,计算得到空间各位置间的关联程度;然后将该乘积与$\boldsymbol{V}$进行矩阵乘法,从而获得具有全局像素关联的输出。

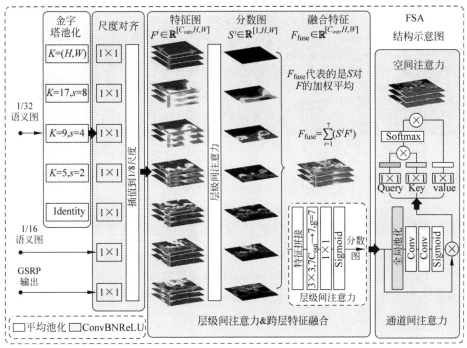

图 4.4　基于因子化立体注意力机制的高效特征融合算法网络结构示意图

4.4.2　设计原理

本章首先讨论特征融合过程中的冗余度,并通过皮尔逊相关系数(Pearson correlation coefficient)对其进行量化表示。图4.5显示了骨干网络特征冗余情况。皮尔逊相关系数常用于度量两组数据的变量X和Y之间的线性相关的程度,表示为ρ。它是X、Y变量的协方差与其标准差的乘积之比,其计算公式如式(4.8)所示,其中N表示特征数量。一般而言,皮尔逊相关系数高于0.3表示两变量具有中等或较强的相关性。通过计算预训练ResNet-18网络模型在1/8、1/16、1/32尺度上特征图的相关性,本节发现14.9%的特征图具有中等或较强的相关性。一些典型的例子如图4.5左图所示。

$$\rho_{x,y} = \frac{N \sum x_i y_i - \sum x_i \sum y_i}{\sqrt{N \sum x_i^2 - \left(\sum x_i\right)^2} \sqrt{N \sum y_i^2 - \left(\sum y_i\right)^2}} \quad (4.8)$$

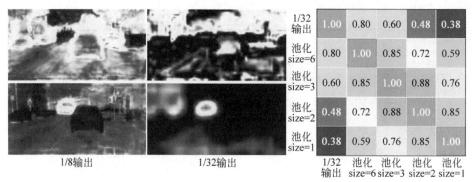

图 4.5　骨干网络特征冗余示意图

在上下文聚合方面，本节根据标准PSPNet[35]设定，绘制了池化金字塔各组特征之间的相关性矩阵，如图4.5右图所示，该图说明池化金字塔各组特征之间具有极高的相关性，即各通道特征之间存在大量冗余。

基于以上发现，本节提出在每个空间位置重新权衡每个层次特征对融合输出的贡献，并通过对所有层次的加权与求和直接获得融合的特征，从而减少特征冗余并实现快速特征合并。

4.5　实验结果与分析

4.5.1　实验模型构建

基于本章所述模块，本节构建了名为频域学习网络(frequency domain learning network，FDLNet)的实验模型，其网络结构如图4.6所示。

该模型采用双分支结构，其中语义分支是一个经过预训练的通用骨干网络模型，而空间分支则使用了本章提出的GSRP方法，从而为高分辨率输出提供准确的位置指导。这两条路径的输出被送入FSA算法，进行高效多尺度、多层次的特征融合，最后通过一个简单分类器输出场景语义解析结果。该实验模型亦是一个即插即用的框架，可以利用各种骨干网络进行灵活的模型设计，其组成部分GSRP

和FSA也可灵活应用于其他模型。

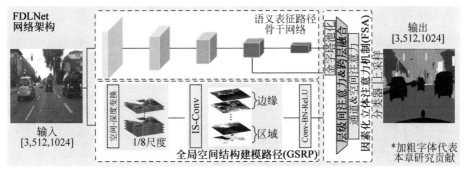

图 4.6 FDLNet网络结构示意图

4.5.2 消融研究

本章在Cityscapes[107]数据集的验证集上评估了GSRP和FSA的有效性。为了确保对比的公平性，本章选择了经典且流行的BiSeNet[28]网络结构作为对比基线。本节通过使用GSRP替换BiSeNet中的空间路径（在BiSeNet中称为SP），用FSA替换特征融合模块（在BiSeNet中称为FFM）来验证每个模块的有效性。实验结果如表4.1所示，其中第一行是原始BiSeNet，最后一行代表本章所提出的网络架构。实验结果分析详见下文。

表 4.1 FDLNet各组成部分消融研究结果

GSRP	FSA	参 数 量	计 算 量	mIoU	推 理 时 间
—	—	13.48M	29.64G	74.78%	8.82ms
✓	—	13.50M	29.70G	75.65%	8.82ms
—	✓	11.89M	22.15G	75.77%	**6.64ms**
✓	✓	11.92M	22.21G	**76.61%**	**6.65ms**

1. 频域下全局空间结构建模方法的实验分析

在用GSRP取代原始SP后，该模型实现了0.9%的准确率提升。尽管IS-Conv中的全感受野卷积核生成过程使整体网络的参数量和计算量略有增加，但GSRP几乎没有损害实时性能。GSRP消融研究中的典型案例如图4.7所示。

由图4.7可知，GSRP的有效性体现在两方面。

（1）图4.7的前两行展示了GSRP在提取区域的能力。原始的SP往往在图像纹理处无差别地提取了过多的边缘，这是因为SP缺乏长距离依赖而导致的区域不连续性。相比之下，GSRP能够分别提取出树木和道路的几乎所有区域。

（2）图4.7的后两行显示了GSRP的边缘提取能力。由于浅层网络几乎只能提取低层次特征，SP有时会提取更多的噪声而不是边缘。然而，GSRP可以描述清晰明确的边界。

(a) 输入图像　　　　(b) 真值　　　　(c) w/o GSRP　　　　(d) w GSRP

图 4.7　频域下全局空间结构建模方法消融研究的典型案例

以上结果表明，GSRP通过全局感知促进了对特定纹理和边界的学习，并在一定程度上抑制了噪声干扰。这两者都得益于IS-Conv的频域下边缘-区域一致性表征能力，这使得频域特征学习和全局结构一致性描述成为可能。

2. 因子化注意力机制的融合表征算法的实验分析

FSA在准确性（约1%↑）和推理时间（约24.7%↓）方面均具有显著优势。其消融研究中的典型例子如图4.8所示，其作用可归结为以下四方面。

（1）通过足够大的感受野，提高了对大尺度物体的感知能力（第一行）。

（2）通过多级和多尺度学习加强微小物体检测（第二行）。

（3）通过上下文聚合与联想缓解局部错误分类（第三行）。

（4）通过耦合多维注意机制，缓解由于相似外观和大背景吞噬造成的语义混乱（第四行）。

以上结果与FSA的设计意图相吻合，充分证明了该方法有效性及合理性。

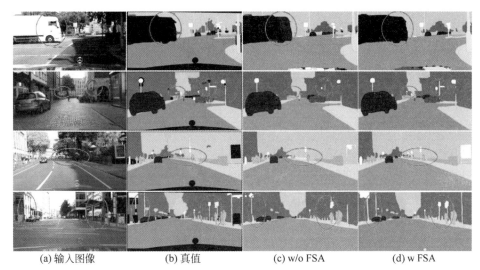

(a) 输入图像　　　　　(b) 真值　　　　　(c) w/o FSA　　　　　(d) w FSA

图 4.8　基于因子化立体注意力机制的高效特征融合算法消融研究的典型案例

4.5.3　与当前先进方法的性能对比

本节将本章所提出的方法FDLNet在Cityscapes[107]测试集上与其他实时语义分割方法进行了对比，结果如表4.2所示。在所列的方法中，FDLNet取得了最优的速度-精度平衡。与具有类似精度的CABiNet[139]相比，FDLNet的运行速度快了近2倍。此外，与STDC2-Seg75[10]相比，即使在没有TensorRT加速的情况下，FDLNet也能达到更高的精度和更快的推理速度。总体来说，本章所提出的方法在实时语义分割中取得了最先进的性能。

表 4.2　FDLNet与现有先进方法在Cityscapes数据集上的对比

方 法 名 称	输入分辨率	GPU	mIoU(%)	推理速度 (FPS)	
				PyTorch	TensorRT
DFANet A[29]	1024×1024	Titan X	71.3	100	
DFANet B[29]	1024×1024	Titan X	67.1	120	
BiSeNet v1[28]	768×1536	Titan Xp	74.7	65.6	—
BiSeNet v2[39]	512×1024	GTX 1080Ti	72.6	—	156
BiSeNet v2-L[39]	512×1024	GTX 1080Ti	75.3	—	47.3
SwiftNet-18[114]	1024×2048	GTX 1080Ti	75.5	39.9	
FANet[115]	1024×2048	Titan X	74.4	72	—

续表

方 法 名 称	输入分辨率	GPU	mIoU(%)	推理速度 (FPS)	
				PyTorch	TensorRT
ShelfNet[116]	1024×2048	GTX 1080Ti	74.8	36.9	—
GAS[119]	769×1537	Titan Xp	71.8	108.4	—
HMSeg[122]	768×1536	GTX 1080Ti	74.3	83.2	—
SFNet[124]	512×1024	GTX 1080Ti	74.5	121	—
MSFNet[125]	1024×2048	RTX 2080Ti	77.1	41	—
CABiNet[139]	1024×2048	RTX 2080Ti	75.9	76.5	—
STDC1-Seg50[10]	512×1024	GTX 1080Ti	71.9	—	250.4
STDC2-Seg50[10]	512×1024	GTX 1080Ti	73.4	—	188.6
STDC1-Seg75[10]	768×1536	GTX 1080Ti	75.3	—	126.7
STDC2-Seg75[10]	768×1536	GTX 1080Ti	76.8	—	97.0
RGPNet[117]	1024×2048	RTX 2080Ti	74.1	—	47.2
FDLNet-18	512×1024	TiTan X	76.3	104.2	—
		RTX 2080Ti		**150.4**	—
FDLNet-101	512×1024	TiTan X	**79.0**	27.9	—
		RTX2080Ti		41.7	—

4.6　本章小结

本章从两个关键的角度重新审视实时语义分割任务：全局空间结构描述和多层级信息融合。为此，本章首先提出了频域特征学习与全感受野卷积算子（IS-Conv），通过频域学习在单次操作中即可捕获全局依赖关系。然后，构建了基于IS-Conv的全局结构描述方法（GSRP），实现全局结构信息中边缘和区域的统一表征。最后，本章还提出了基于因子化立体注意力机制的频域-图像域特征融合算法（FSA），通过注意力机制在层级、通道、空间维度上的解耦，实现了多层级特征的高效融合。大量实验表明，仅在标准骨干网络上应用上述模块，即可在Cityscapes[107]数据集上取得最先进的实时场景语义解析性能。

鉴于频域表征学习的优越性，第5章将进一步探索图像频谱特性，深入挖掘频域学习在场景语义解析任务上的独特优势。

第5章

幅-相感知与高分辨率语义生成

考虑到高分辨率语义生成阶段高级语义与精细定位之间的内在矛盾,对比现有场景语义解析模型倾向于二者之间的极限权衡或过度补偿,本章提出了频域下语义-定位的解耦表征,从本质上突破像素级学习的局限性问题。具体而言,本章首先研究并揭示了图像幅度和相位在语义和定位方面的反向对称固有特性。基于该特性,针对高低层特征之间的语义鸿沟问题,本章提出了一种高效的幅度感知模块(magnitude perceptron, MP),通过动态权重机制来自适应地捕获特定频率组合,从而在增强语义表征的同时,避免语义鸿沟。针对不同层级特征之间的定位结构不对齐问题,本章提出了一种简洁的相位修正模块(phase amender, PA),通过简单高效的谱残差映射,显式挖掘并修正每层特征的定位偏移和错位信息,从而促进细粒度的原型定位表征。此外,针对标准分割损失的不平衡优化问题,本章提出了一种新颖的相位敏感性损失(phase-sensitive loss, PSL)作为辅助约束,以促使网络各阶段基于相位来自适应学习无关于语义的原型定位,从而在保证多层级语义多样性的同时,增强了模型的细粒度分辨率重建能力。本章通过多种实验与可视化手段,论证了本章所构建的细粒度高分辨率语义生成思想与方法的优越性,解决了空间像素级学习方法的语义依赖和细节失真等局限性问题。

5.1 概述

场景语义解析的核心目标,在于如何生成同时具有强大语义和精确定位的高分辨率语义结果。然而,这两者之间的内在矛盾促使大多数现有方法在分辨率重建过程中对高级语义和精细定位之间倾向于进行极限权衡或过度补偿,这可能导致性能有限或计算成本巨大。为此,本章致力于从频率空间解耦语义和定位表征来提高网络的分辨率细节重建能力和泛化能力。具体而言，本章针对5.1.1节提出的科学问题，给出了如5.1.2节所述的研究内容及解决方法。

5.1.1 拟解决的主要问题

本章拟解决的场景语义解析网络在高分辨率语义生成方面的主要问题如下。

（1）**高低层特征之间语义粒度差异产生的语义鸿沟容易导致上下文建模过程中的信息淹没与语义混淆。** 首先，不同层次特征之间的语义鸿沟是多层级上下文建模过程中不可避免的挑战。现有方法通常利用像素级注意力（pixel-wise attention)[60,137]或门控机制（gating mechanisms)[62,140]，通过为多层特征分配不同权重来构建上下文关系。然而，这些方法往往由于低层特征的引入而产生语义混淆，且低级特征由于语义较弱容易受光照变化及图像噪声影响，使得有用信息淹没在大量无效信息中，从而损害模型泛化能力。针对该问题，本章强调，每一层级的语义特征在同一特定位置下的贡献是不一致的。因此，得益于频域下图像幅度谱的语义特异性，本章设计了一个具有动态加权机制的幅度感知器，通过自适应调制频谱中每个频率分量的强度，在增强语义表征的同时，避免语义鸿沟问题。

（2）**不同层级或尺度的特征之间的空间偏移或错位，致使特征融合阶段空间定位结构难以对齐。** 多尺度特征融合过程中的定位结构对齐问题对精确分割结果至关重要。它主要源于上采样或噪声干扰等原因导致的深浅层特征之间的空间位置偏移或错位。现有方法[11,28,39]往往通过光流或变形网络来对齐高低层特征或单纯拉取浅层特征来增强定位信息等。然而，由于没有直接解决深浅层特征在空间位置上的偏移根源，这些方法难以确保特征在融合时定位结构的一致性和准确性。得益于相位具有语义无关但定位特异性，本章提出利用相位来显式挖掘并修正每层特征的定位信息，促进细粒度重建的原型定位表征。

（3）**标准的语义分割优化目标由于强制让所有网络层致力于拟合最终的语义信息，致使层级语义特征趋于同质化。** 辅助监督作为一种常用的训练策略，致力于提高分割性能。然而，值得注意的是，在中间层仅依赖语义标签作为优化目标可能会导致优化不平衡和性能受限，因为它迫使每一层的输出都去拟合相同的语义标签。这一过程从本质上破坏了多层特征之间的语义多样性和互补性，使其趋于同质化。这对解码器中以细粒度分辨率重建为目标的网络层尤其不公平。尽管有些方法[10,62]建议使用边界监督来提高性能，但它们仍然无法摆脱语义本身带来的优化约束。得益于解耦的纯相位描述的每层特征的定位信息是类无关且客观存在的，为此，本章特别定义了一个相位敏感性损失作为辅助约束，以促使网络各阶段基于相位来自适应学习无关于语义的原型定位，保证多层级语义多样性和鲁棒性。

5.1.2　研究内容及贡献

针对5.1.1节所提出的科学问题，本章研究内容及贡献如下。

（1）本章探索了频域下图像谱特征的反向对称固有特性，即幅度谱的语义特异性但定位无关性及相位谱的语义无关性但定位特异性。

（2）本章提出了基于动态权重机制的幅度感知模块MP，通过动态学习各频率分量强度，来自适应地捕获特定频率组合，从而在增强语义表征的同时，避免语义鸿沟。

（3）本章提出了一种简洁的相位修正模块PA，通过自适应学习相位偏移，从而使模型保持对定位偏移的敏感度，进而提升了细粒度的原型定位表征。

（4）本章定制了一个相位敏感损失PSL，来促进网络自适应地学习不同层级语义无关的原型定位特征，从而优化了定位信息并增强了分辨率重建细节。

5.2　图像频域表征分析

5.2.1　图像频域表征形式

作为频率的复值函数，（快速）傅里叶变换[134]（FFT）以相同的长度将有限信号从时域变换到频域。换言之，FFT可用于实现原始输入的频率表征变换。图像作为一种只有实数的二维离散有限信号，因此它的频率表征可以通过式(5.1)所示的2D FFT获得。

$$F(m,n) = \sum_{x=0}^{H-1} \sum_{y=0}^{W-1} f(x,y) \cdot \mathrm{e}^{-\mathrm{j}2\pi\left(\frac{mx}{H} + \frac{ny}{W}\right)} \tag{5.1}$$

其中，$f(x,y)$ 表示大小为 $H \times W$ 的图像在空间坐标 (x,y) 下像素值；$F(m,n)$ 是空间频率坐标 (m,n) 处所对应的频率值。

在给定 $F(m,n)$ 的情况下，可以通过式(5.2)所示的反FFT（IFFT）来恢复原

始图像信号 $f(x,y)$。

$$f(x,y) = \frac{1}{HW} \sum_{m=0}^{H-1} \sum_{n=0}^{W-1} F(m,n) \cdot \mathrm{e}^{\mathrm{j}2\pi\left(\frac{mx}{H} + \frac{ny}{W}\right)} \tag{5.2}$$

根据欧拉公式，式中的 $F(m,n)$ 复数值可以用以下三种形式进行表示。

（1）**实部-虚部表征**：设 $R(m,n)$ 和 $I(m,n)$ 分别表示 $F(m,n)$ 的实部和虚部，简记 $R(m,n) = A$ 和 $I(m,n) = B$。式(5.1)可被变换为

$$F(m,n) = R(m,n) + \mathrm{j}I(m,n) = A + \mathrm{j}B \tag{5.3}$$

该表达形式比较直观，却由于其物理意义不明确而不利于谱分析和处理。

（2）**幅值-相位表征**：数值上，利用 $F(m,n)$ 的模和辐角来分别表示其幅度和相位，即

$$\begin{aligned} |F(m,n)| &= \sqrt{R(m,n)^2 + I(m,n)^2} = \sqrt{A^2 + B^2} \\ \angle F(m,n) &= \arctan\left(\frac{I(m,n)}{R(m,n)}\right) = \arctan\frac{B}{A} \end{aligned} \tag{5.4}$$

幅值代表强度，其数值大小反映了某一空间频率对图像的贡献有多大。它反映了图像特征的几何结构，即空间域的变化。相位反映了每个频率的一个完整正弦波周期的移动，它决定了图像特征的位置。

（3）**极坐标表征**：该方式利用复平面上的极坐标来表示 $F(m,n)$，其中极半径为 $r_F(m,n)$，极角为 $\theta_F(m,n)$。因此，可以将 $F(m,n)$ 重写为

$$F(m,n) = r_F(m,n) \cdot \mathrm{e}^{\mathrm{j}\theta_F(m,n)} \tag{5.5}$$

其中，

$$\begin{aligned} r_F(m,n) &= |F(m,n)| = \sqrt{A^2 + B^2} \\ \theta_F(m,n) &= \angle F(m,n) + 2k\pi = \arctan\frac{B}{A} + 2k\pi, \quad k \in \mathbb{Z} \end{aligned} \tag{5.6}$$

由于具有周期性 $2k\pi$ 的极角在数值计算后的 F 与利用相位计算的一样，故本书在进行变换时不计入 $2k\pi$。

本章方法主要是通过PyTorch中的傅里叶变换函数计算图像或特征图的频谱，得到其实部-虚部表征，而后计算其幅值-相位表征，用于进一步表征学习和处理；最后，通过极坐标表征将学习到的幅度和相位频谱组合成新的频率输出，并利用PyTorch进行逆傅里叶变换生成空间特征图。

5.2.2　图像谱特性分析

本章探索了一种重要假设：场景语义解析任务中目标/区域的语义信息与定位信息应是可解耦的。即某一物体/区域是什么，与它在图像中的位置无关。这同样适用于交互性语义，例如人和自行车可以被划分为骑手这一语义类别，而将其作为一个整体时，则该"骑手"的语义信息并不取决于其在图像中的空间位置；同样，图像中的定位信息也并不一定涉及其语义信息。尽管有些形状/纹理本身就是语义的一种，但此处更强调其在图中的空间位置/旋转/缩放等。

受自然图像频率模型的启发，图像的幅度谱反映了图像中每个频率分量的强度，而其相位则代表了对应分量的位置，故通过图5.1的图像谱特性分析验证相关假设。将原始"人"的幅度与频域中随机平移图像的相位相结合，然后逆变换到空间域的结果。很明显，结果与随机平移图像相同，这表明改变相位可以在幅值不变的情况下改变物体位置。即相位决定了物体定位，反映了其语义无关但位置特定的特性。右图表示将"道路"的幅值替换为"天空"的幅值后，"道路"区域变成了类似天空的外观，或者说具有天空语义。这意味着保持原始相位不变时，幅度能够控制图像的语义，体现了其语义特定但位置无关的特性。上述观察结果表明，幅值和相位的独立表征有助于实现"语义"和"定位"之间的解耦。

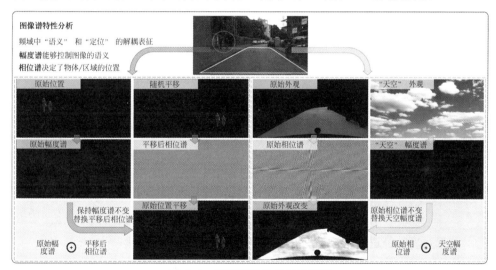

图 5.1　图像谱特性分析示意图

鉴于此，启发于之前的工作[43,135,141-142]，图像的幅值和相位在语义和定位信息之间具有反向对称特性，即幅度谱具有语义特异性但定位无关性，而相位谱具有语义无关性但定位特异性。

5.2.3 语义-定位解耦表征变换

图5.2描绘了语义-定位解耦表征变换的具体过程，称为自适应频率感知模块（adaptive frequency-aware module，AFM）。该过程主要包含3个步骤：首先对多层级空间特征进行FFT，并对高/低分辨率特征进行尺度对齐预处理，然后对所有特征图进行幅-相感知学习以获取频域下语义-定位解耦表征结果，最后将学习后的结果组合后进行IFFT至图像域进行表征，并使用一个点卷积控制通道数量。其中，幅-相感知过程作为本章关键内容将在后续章节进行详述。

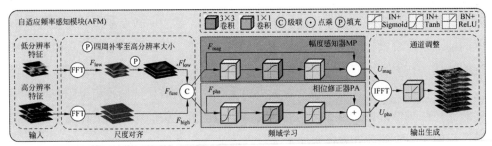

图 5.2　自适应频率感知模块结构示意图

1. 尺度对齐预处理

解码器的设计必然涉及上采样过程，而通用上采样方法无非三种：插值、反卷积或像素混洗。插值计算速度虽快，但精度较差，尤其对物体或区域边界影响较大。另外两种方法计算量过大，效率不高。为解决这一问题，本节探索了一种高效的谱上采样方法对解耦表征前的谱图进行预处理以实现频域内的尺度对齐。

设 F_{low} 为低分辨率特征输入的FFT结果，F_{high} 为高分辨率特征的对应结果。然后，将 F_{low} 用零填充到 F_{high} 的大小，就可以得到 F'_{low}：

$$F'_{\text{low}} = \text{Pad}(F_{\text{low}}, F_{\text{high}}.\text{shape}) \tag{5.7}$$

高低尺度特征进行尺度对齐后，将两组特征图的频谱图级联为 F_{fuse}，即

$$F_{\text{fuse}} = \begin{cases} F_{\text{low}}, & F_{\text{high}} \text{ 为 } \varnothing \\ \text{Concat}\left(F'_{\text{low}}, \quad F_{\text{high}}\right), & \text{其他} \end{cases} \tag{5.8}$$

最后，尺度对齐后的频谱 F_{fuse} 通过式(5.9)转换成幅–相表征形式，以便进一步处理：

$$\begin{cases} F_{\text{mag}} = |F_{\text{fuse}}| \\ F_{\text{pha}} = \angle(F_{\text{fuse}}) \end{cases} \tag{5.9}$$

2. 输出变换

利用式(5.10)，将学习到的 U_{mag} 和 U_{pha} 转换为实部–虚部表征形式为

$$O_{\text{f}} = U_{\text{mag}} \cdot \text{e}^{(1\text{j} \times U_{\text{pha}})} \tag{5.10}$$

然后将结果 O_{f} 进行逆傅里叶变换到图像域，并使用空间点卷积 $W_s^{1 \times 1}$ 将通道数调整为所需数量。将空间域输出定义为 $O_{\text{s}} \in \mathbb{R}^{[C,H,W]}$，可得

$$O_{\text{s}} = W_s^{1 \times 1} \otimes (\text{IFFT}(O_{\text{f}})) \tag{5.11}$$

5.3　基于幅度感知的语义多样性表征

5.3.1　设计原理

鉴于语义鸿沟问题的存在，本节认为不同层级特征在融合后特征图的每个位置上的重要性并不相同。因此，鉴于空间上下文关联的限制，纯空间图像中的像素组合很难独立判别准确的语义分布。考虑到频域图像的幅度谱具有语义特异性，但与定位无关，本节提出使用频率级特征提取来学习解耦的幅度谱的分布，有助于学习空间图像的语义分布，进而辅助缓解语义鸿沟问题。

为验证该假设，本节考虑一个简单的相邻层级特征图融合问题来说明幅度感知器的设计原理，如图5.3所示。其中，第一行特征图分别来自ResNet-18[1]网络的1/32和1/16尺度，提取它们的幅度谱，分别使用两个手工设计的掩膜与之相乘，最后再变换回图像域。最右侧上下两张图分别展示了幅度谱调整前后的融合效果。由图5.3可知，来自ResNet-18骨干网络最后一层的1/32尺度特征突出了"车辆"类的语义，而1/16尺度输出则主要提取了边界。直接融合这些特征得到的（c）列上方结果表现出明显的语义混淆。而经过掩码处理的幅度谱与原始相位谱结合后被转换回空间域，其输出结果如图第四行所示。结果显示，由于部分频率被移除，转换后的图谱保留了相对较强的激活特征，即掩码后的1/32尺度输出减少了一些高频干扰，而1/16尺度输出则保留了部分边缘。至此，假设成立。总结而言，直

接融合（在本例中使用随机 3×3 卷积）原始特征图可能会造成语义混淆，而融合幅度掩码图则可以获得更为准确的语义和精确的边界。

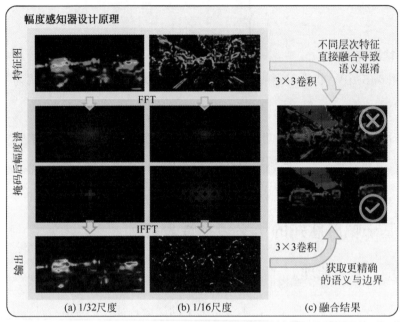

图 5.3　幅度感知器的设计原理示意图

上述讨论揭示，在幅度图上学习频谱特性，能够自适应地评估频谱中各频率成分的重要性，这不仅对于语义控制具有可行性，且有利于特征的有效融合和噪声的有效屏蔽。

5.3.2　网络结构设计

幅度感知器的目标是确保网络能够提高对各频率分量的敏感度，以便在后续变换中对重要的频率分量加以利用和分析，并对价值较低的部分进行抑制。为此，本节提出通过对幅度权重进行显式建模以实现这一目标。图5.2的蓝色方框部分给出了幅度感知器的结构。具体地，MP 是一个具有动态加权机制 $\mathcal{T}_{\mathrm{mag}}$ 的幅值计算单元。假设 w_{mag} 表示学到的权重，则MP的输出 U_{mag} 可表示为

$$U_{\mathrm{mag}} = \mathcal{T}(F_{\mathrm{mag}}, W_{\mathrm{mag}}) \cdot F_{\mathrm{mag}} = w_{\mathrm{mag}} \cdot F_{\mathrm{mag}} \tag{5.12}$$

由于大多数自然图像的幅度谱在统计上呈 $1/f^2$ 幂律分布[143]，故幅度谱经过

对数变换后会呈现巨大的尺度差异。为解决该问题并提高网络学习效率，本节利用 Sigmoid 函数对幅度谱进行归一化到 [0,1] 范围，即

$$\hat{F}_{\text{mag}} = \sigma(\ln(F_{\text{mag}})) \tag{5.13}$$

其中，σ 指的是 Sigmoid 函数。然后，考虑到模型的复杂性，MP 利用 1×1–3×3–1×1 的卷积层（其中通道数变化为 $C - C/4 - C$）形成一个瓶颈来制定动态权重机制。特别是，每个卷积层之后都有一个实例归一化（IN）层和 Sigmoid 激活层。由此可得下式

$$\begin{cases} w_{\text{mag}} = \mathcal{T}_{\text{mag}}(F_{\text{mag}}, W_{\text{mag}}) = \Pi_{i=1}^{3} W_{\text{mag}}^{i} \otimes \hat{F}_{\text{mag}} \\ W_{\text{mag}}^{i} = \sigma(\text{IN}(W_{\text{mag}}^{k\times k}(\cdot))), \quad k = 1 \text{ 或 } 3 \end{cases} \tag{5.14}$$

其中，$\otimes$ 表示卷积运算符，Π 指连续的卷积运算，$W_{\text{mag}}^{k\times k}$ 是一个大小为 $k \times k$ 的卷积核。根据式(5.12)~式(5.14)，可以得出 MP 最终输出的完整形式，即

$$\begin{aligned} U_{\text{mag}} &= \mathcal{T}(F_{\text{mag}}, W_{\text{mag}}) \cdot F_{\text{mag}} \\ &= (\Pi_{i=1}^{3} W_{\text{mag}}^{i} \otimes [\sigma(\ln F_{\text{mag}})]) \cdot F_{\text{mag}} \end{aligned} \tag{5.15}$$

最终输出 U_{mag} 可以解释为特定频率成分的集合，其统计量对整个语义表征具有重要价值。

5.4　基于相位修正的定位原型优化

5.4.1　设计原理

场景语义解析任务中，生成高级语义时，往往存在空间定位结构不对齐问题。空间定位结构不对齐问题是指在不同层级的特征图之间，存在着空间尺度和定位位置的不匹配，导致生成的高级语义缺乏语义一致性和定位准确性。例如，在场景语义解析任务中，由于下采样和上采样的操作，高分辨率的特征图和低分辨率的特征图之间的对应关系会发生偏移，从而影响目标的边界和细节的恢复。考虑到图像的相位频谱保留了每个频率成分的位置信息，但没有保留其语义标签的信息，因此本节提出：能否通过简单地调节低分辨率特征图的相位来修正上采样特征图的定位？

为此，本节进行了一个简单实验来说明相位修正器的设计原理，如图5.4所示。从 ResNet-18[1] 的最后一层获取一张特征图 Feat$_\text{a}$，并简单地用 FFT 计算其相位谱

Phase_{a}。我们定义一个随机相位偏移 $\Delta P \in [-\pi, \pi]$。令 $\text{Phase}_{\text{z}} = \text{Phase}_{\text{a}} + \Delta P$。然后，进行 IFFT，生成修正后的特征图 Feat_{z}。可以看出，原始的特征图 Feat_{a} 是随机相移的，生成的图更加模糊，甚至部分偏离定位。相反，若已知 Feat_{z}，令 $\text{Phase}_{\text{a}} = \text{Phase}_{\text{z}} - \Delta P$，那么就能生成相对精确的定位特征图 Feat_{a}。

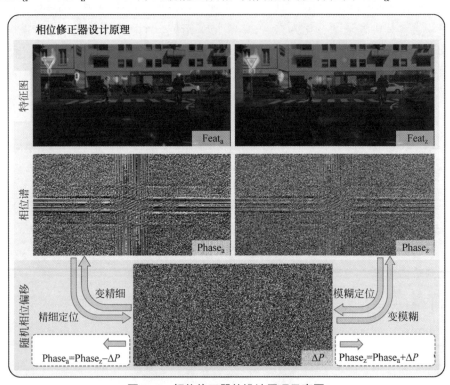

图 5.4 相位修正器的设计原理示意图

基于上述观察结果，可以认为，对不同尺度的特征相位谱进行自适应相位偏移（ΔP）学习能够产生更好的语义定位并促进空间位置对齐。

5.4.2 网络结构设计

基于以上分析，本节提出一种相位修正器（PA）来进行语义定位的优化与对齐，其目标是使模型对偏离规范的定位特征保持敏感性。为此，本节提出一种谱残差映射 $\mathcal{T}_{\text{pha}}(F_{\text{pha}}, W_{\text{pha}})$ 来学习定位的估计误差。定义 PA 的输入输出如下：

$$U_{\text{pha}} = F_{\text{pha}} + \mathcal{T}_{\text{pha}}(F_{\text{pha}}, W_{\text{pha}}) \tag{5.16}$$

与 MP 类似，同样设计 PA 模块为一个通道数变化为 $C - C/4 - C$ 的 $1 \times 1 - 3 \times 3 - 1 \times 1$ 卷积瓶颈结构作为残差相位映射 $\mathcal{T}_{\mathrm{pha}}(F_{\mathrm{pha}}, W_{\mathrm{pha}})$。注意，与 MP 不同的是，PA 结构中，每个卷积层之后都有一个实例归一化（IN）层和 Tanh 激活层。

$$\begin{cases} \mathcal{T}_{\mathrm{pha}}(F_{\mathrm{pha}}, W_{\mathrm{pha}}) = \Pi_{i=1}^{3} W_{\mathrm{pha}}^{i} \otimes F_{\mathrm{pha}} \\ W_{\mathrm{pha}}^{i} = \delta(\mathrm{IN}(W_{\mathrm{pha}}^{k \times k}(\cdot))), \quad k = 1 \text{ 或 } 3 \end{cases} \tag{5.17}$$

其中，δ 表示 Tanh 激活函数。

至此，PA 的输出可表示为

$$U_{\mathrm{pha}} = F_{\mathrm{pha}} + \Pi_{i=1}^{3} W_{\mathrm{pha}}^{i} \otimes F_{\mathrm{pha}} \tag{5.18}$$

最终输出 U_{pha} 可以解释为特定频率的校正定位结果，这对图像的显式原型定位表征非常有价值。

5.5　相位敏感性约束

5.5.1　设计原理

本节考虑了网络训练过程中的辅助约束条件，以提高最终性能。本节考虑在网络中间层引入一个新的辅助损失来缓解标准语义分割的不平衡优化问题。该问题主要表现在以下两方面：一方面，网络的不同尺度具有不同的特征信息，强制不同尺度学习所有尺度的信息是不公平的；另一方面，各层级特征融合的目的之一就是取长补短，这意味着需要保证各层级特征的多样性，而对各层网络使用与最终输出相同的损失函数，可能导致各层特征的同质化，从而削弱特征融合效果。为了同时保证各层级特征语义信息的多样性，同时保证最终分割结果的边界准确性，本节提出利用相位谱的语义无关性，在网络中间层引入相位敏感性损失（PSL）。

为了验证这一想法，本节进行了如图5.5所示的实验来说明相位敏感性约束的设计原理。图中第一行左图的分割结果来自 UNet-ResNet18[22]，右图是该场景语义分割的真值。在该案例中，主要关注 person 这一类别的分类结果，如第二行所示。对比可见，UNet-ResNet18 的预测结果在分割边界上并不精确。实验发现，如果将真值的相位直接与预测图的幅值拼接，则可以得到如第四行所示的较为精准的分割结果。这意味着，通过相位监督能够有利于直接优化中间层的特征定位，而不对各特征的语义层级造成影响。

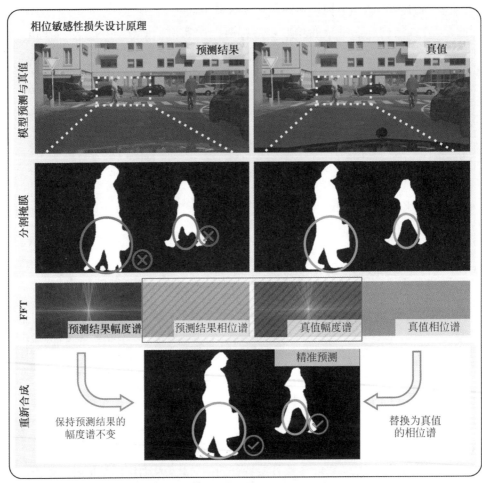

图 5.5　相位敏感性损失的设计原理示意图

基于以上观察，本节在解码器的各个尺度上添加了像素级的分类头，分别计算其预测结果和真值的相位谱之间的距离，并将其作为优化目标的辅助约束，以提高各层特征的定位性能。

5.5.2　设计细节

本节提出的相位敏感性损失（PSL）计算流程如图5.6所示。

算法3给出了该计算过程的伪代码。PSL的详细计算过程如下。

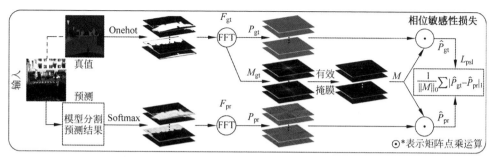

图 5.6 相位敏感损失计算流程

算法 3: PSL 计算过程伪代码

输入: 预测结果 $\mathrm{pr} \in \mathbb{R}^{[b,n_c,h,w]}$, 真值 $\mathrm{gt} \in \mathbb{R}^{[b,1,h,w]}$, 其中 b 为批大小, n_c 为类别数, h 为高度, w 为宽度。

输出: 计算损失 L_{psl}

$\hat{\mathrm{gt}} \leftarrow \mathrm{Onehot}(\mathrm{gt}), \hat{\mathrm{pr}} \leftarrow \mathrm{Softmax}(\mathrm{pr})$;

$F_{\mathrm{gt}} \leftarrow \mathrm{FFT}(\hat{\mathrm{gt}}), F_{\mathrm{pr}} \leftarrow \mathrm{FFT}(\hat{\mathrm{pr}})$;

$P_{\mathrm{gt}} \leftarrow \angle F_{\mathrm{gt}}, M_{\mathrm{gt}} \leftarrow |F_{\mathrm{gt}}|, P_{\mathrm{pr}} \leftarrow \angle F_{\mathrm{pr}}$;

$M \leftarrow \mathrm{zeros}(b, n_c, h, w)$;

while $0 \leqslant i < h$ **do**

   while $0 \leqslant i < h, 0 \leqslant j < w$ **do**

      if $M_{gt}(i,j) \geqslant 1$ **then**

         $M(i,j) = 1$;

      end

   end

end

$\hat{P}_{\mathrm{gt}} \leftarrow P_{\mathrm{gt}} \times M, \hat{P}_{\mathrm{pr}} \leftarrow P_{\mathrm{pr}} \times M$;

$N \leftarrow ||M||_0$;

$L_{\mathrm{psl}} \leftarrow \dfrac{1}{N} \sum |\hat{P}_{\mathrm{gt}} - \hat{P}_{\mathrm{pr}}|_1$;

（1）将语义标签的真值编码为独热（Onehot）向量，从而单独生成每个类别的真值。随后对其进行FFT，得到 F_{gt}。

（2）对模型的预测输出，执行Softmax操作，生成每个类别的概率图。随后对其进行FFT，得到 F_{pr}。

（3）将 F_{gt} 转化为幅值-相位表示，得到 P_{gt} 和 M_{gt}；由 F_{pr} 得到其相位谱 P_{pr}，即

$$\begin{cases} M_{gt} = |F_{gt}|, \quad P_{gt} = \arctan(F_{gt}) \\ P_{pr} = \arctan(F_{pr}) \end{cases} \tag{5.19}$$

（4）生成频谱掩膜 M 以避免无关频率影响。当某一语义类别在真值中不存在时，会产生全为 0 的 Onehot 结果，且该情况尤为常见。根据式(5.3)～式(5.5)，当幅值为 0 时，任何相位值都可使频谱为 0。然而，在幅值为 0 的频谱上进行零相位监督可能会导致训练不稳定。故有必要将此类频率视为无关频率进行滤除。由式(5.1)，只要 Onehot 向量中至少有一个像素的值为 1，其幅度值就一定大于或等于 1，故选取幅度值大于或等于 1 的频率部分形成频谱掩膜 M。

$$M_{ij} = \begin{cases} 1, \quad M_{ij}^{gt} \geqslant 1 \\ 0, \quad \text{其他} \end{cases} \tag{5.20}$$

（5）将 P_{gt} 和 P_{pr} 分别与 M 相乘，从而提取与分割结果相关的相位信息 $\hat{P}_{gt}$ 和 $\hat{P}_{pr}$。

（6）计算 P'_{gt} 和 P'_{pr} 上有效相位间的平均曼哈顿距离，作为损失函数 L_{psl}，其数学表达式如下所示：

$$L_{psl} = \frac{1}{||M||_0} \sum |\hat{P}_{pr} - \hat{P}_{gt}|_1 \tag{5.21}$$

其中，$||M||_0$ 是 M 的 L_0 范数，用于计算 M 中非零元素的个数。它表示为频谱中具有有效相位的频率数量。

5.6 实验结果与分析

5.6.1 实验模型构建

基于本章所述模块，本节构建了名为幅相学习分割网络（magnitude-phase learning segmentation network，MPLSeg）的实验模型，其采用典型的编码器-解码器结构，编码器采用通用的骨干网络，网络结构如图5.7所示。给定 RGB 图像输入 $I \in \mathbb{R}^{[3,H,W]}$，从 ResNet[1] 等骨干网络中提取第 l 层（$l \in [2,5]$）特征图表示为 Enc_l，其表达式为

$$Enc_l | l \in [2,5] = Net(I) \tag{5.22}$$

其中，第2、3、4、5级特征分别对应1/4、1/8、1/16、1/32尺度输出。

然后，相邻的低分辨率解码特征和高分辨率编码特征会逐渐共同输入 AFM，从而得到 l_{th} 级特征图 $\text{Dec}_l(l \in [2, 5])$，即

$$
\begin{cases}
\text{Dec}_5 = \text{AFM}\,(\text{Enc}_5)\,, & l = 5 \\
\text{Dec}_l = \text{AFM}\,(\text{Enc}_l, \text{Dec}_{l+1})\,, & l \in [2, 4]
\end{cases}
\tag{5.23}
$$

最后，将 Dec_2 输入分割头，并将结果直接进行4倍上采样，以获得最终输出。值得注意的是，除了将标准二值交叉熵作为最终输出（Dec_2）的分割损失外，本章所提出的 PSL 还被用作解码器中间输出（$\text{Dec}_{3\sim5}$）的辅助约束，以提高定位效果。

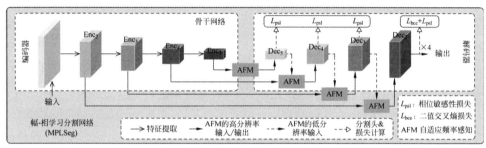

图 5.7　MPLSeg 网络结构示意图

整体网络架构采用 UNet[22] 形式，基于通用的骨干网络模型，形成自下而上的网络架构。为了充分验证本章方法的普适性和有效性，实验在多种代表性骨干网络上进行了验证，其中包括经典的 ResNet 系列，高效 CNN ConvNeXt 系列，以及最近兴起的 Swin Transformer 系列。在每个系列的骨干网络中，又分别选取了小模型以追求速度-精度的权衡，以及大模型以追求准确率的提升。MPLSeg 网络结构参数设置如表5.1所示。

表 5.1　MPLSeg 网络结构参数表

模型系列		ResNet[1]		ConvNeXt[144]		Swin Transformer[145]	
骨干网络		ResNet-18	ResNet-101	ConvNeXt-T	ConvNeXt-L	Swin-T	Swin-L
网络名称		MPLSeg-Res18	MPLSeg-Res101	MPLSeg-ConvT	MPLSeg-ConvL	MPLSeg-SwinT	MPLSeg-SwinL
通道数	Enc$_2$	64	256	96	192	96	192
	Enc$_3$	128	512	192	384	192	384
	Enc$_4$	256	1024	384	768	384	768

续表

模型系列		ResNet[1]		ConvNeXt[144]		Swin Transformer[145]	
通道数	Enc₅	512	2048	768	1536	768	1536
	Dec₅	256	1024	384	768	384	768
	Dec₄	256	1024	384	768	384	768
	Dec₃	192	768	288	576	288	576
	Dec₂	128	512	192	384	192	384

5.6.2 消融研究

消融研究主要使用 MPLSeg-Res18 模型在 Cityscapes[107] 数据集上进行。为便于描述和对比，消融实验将 U-Net 作为 baseline，即将图5.7中网络架构中的 AFM 替换为普通 3×3 卷积后的形式。为公平对比，在对 PSL 进行消融实验时，分别对比了直接去除 PSL（没有辅助损失）和将 PSL 替换为标准二值交叉熵损失（binary cross entropy，BCE）的结果。MPLSeg 各组成部分消融研究结果如表5.2所示。后文将进一步对该结果进行详细分析。

表 5.2　MPLSeg 各组成部分消融研究结果

MP	PA	PSL	BCE	#Params	GFLOPs	mIoU(%)
—	—	—	—	14.59M	168.35G	71.5
✓	—	—	—	12.42M	112.65G	74.3
—	✓	—	—	12.42M	112.65G	75.1
—	—	✓	—	14.59M	168.35G	73.3
—	—	—	✓	14.59M	168.35G	72.6
—	✓	✓	—	12.42M	112.65G	76.8
✓	—	✓	—	12.42M	112.65G	76.2
✓	✓	—	—	13.21M	121.38G	76.8
✓	✓	—	✓	13.21M	121.38G	77.3
✓	✓	✓	—	13.21M	121.38G	78.6

1. 基于幅度感知的语义多样性表征的实验分析

由表5.2可知，MP 大幅提升了模型的准确率（74.3% vs. 71.5% (2.9%↑) & 76.8% vs. 75.1% (1.7%↑)），且相比于 baseline 模型，降低了参数量（14.9%↓）和计算量（33.1%↓）。此外，图5.8提供了 MP 消融研究的三个典型案例，通过放大被圈出区域来比较激活特征图和最终分割结果，从而揭示 MP 的内在机制。

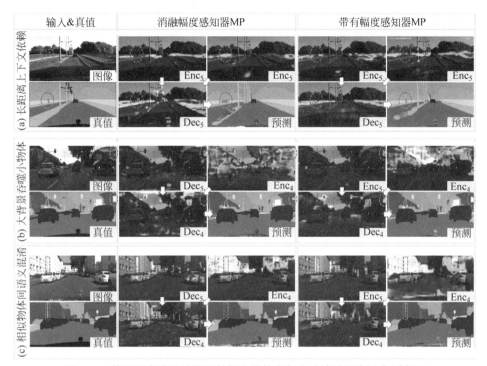

图 5.8 基于幅度感知的语义特征多样性表征方法消融研究的典型案例

示例 (a) 描述了典型纹理重复区域（如栅栏）的长距离上下文依赖关系的构建。不难看出，激活的栅栏特征总是出现在解码器中。由于栅栏的范围较大，但卷积的局部感知能力较强，因此整体栅栏可以通过多个特征图的组合来呈现（为简洁起见，此处仅列出两个特征图）。比较结果表明：不含 MP 的模型呈现出不连续的栅栏分割结果。而由于感受野有限和前景（人物）干扰，该模型未能完全整合与栅栏相关的多个特征。相比之下，由于 MP 的超感受野及其整合相似频率模式的能力，包含 MP 的模型能产生连续的栅栏分割结果。

示例 (b) 展示了小物体被大背景吞噬的情况。图像右上角的交通标志在建筑物背景下很容易被忽略。在特征融合之前，1/32 尺度的 Dec_5 特征包含被激活的大面积墙壁，而 1/16 尺度的 Enc_4 特征则包含被激活的交通标志。然而，在遍历所有1/16 融合结果后发现，没有 MP 的模型由于墙的语义更强而吞噬了该位置的交通标志，而有 MP 的模型却能激活对应的交通标志。这表明 MP 具有在融合过程中选择特定语义的能力。

示例 (c) 说明了相似背景下的语义混淆问题。原始图像左侧方框内的电线杆与背景墙的纹理相似，很难将其与背景墙区分开来。与示例（b）类似，融合前的两个特征图分别明确包含了电线杆和背景墙的激活特征。然而，由于语义混淆，不使用MP的模型，其融合特征无法定位框出的电线杆，最终预测结果也是如此。相反，有MP的模型，其融合特征和模型的最终预测都能识别出电线杆。这说明MP能够在频域中构建上下文参照，并避免语义混淆。

简而言之，MP通过自适应幅度感知学习实现了特定频率感知。MP有助于模型构建长程上下文依赖关系，减轻语义吞噬和混淆问题，从而提高语义准确性和模型泛化能力。

2. 基于相位修正的定位原型优化的实验分析

由表5.2可知，PA也大大提高了准确度，参数量和计算量与MP相同，与baseline相比分别下降了14.9%和33.1%。此外，图5.9通过三个PA消融研究的典型案例显式说明了PA对定位的修正效果，见图中分割结果和误差图的圈定区域。

示例（a）主要考虑了小物体的精细轮廓。小物体的语义特征通常由深层提取，其精确分割极其困难。从示例（a）中对比的预测结果可以看出，使用PA进行的

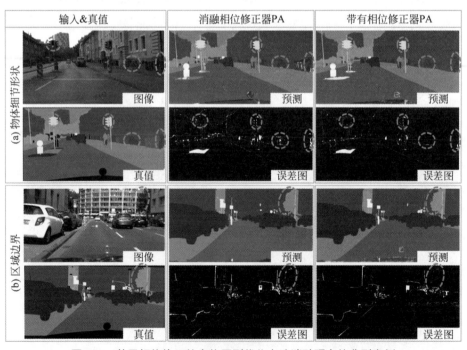

图 5.9 基于相位修正的定位原型优化方法消融研究的典型案例

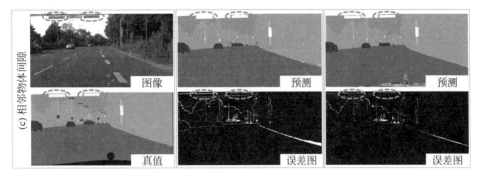

图 5.9　（续）

分割明显更精细，这种效果在误差图中更加明显，误差线更细，甚至没有误差。

示例（a）主要考虑了小物体的精细轮廓。小物体的语义特征通常由深层提取，其精确分割极其困难。从示例（a）中对比的预测结果可以看出，使用 PA 进行的分割明显更精细，这种效果在误差图中更加明显，误差线更细，甚至没有误差。

此外，示例（b）检查了形状复杂多变的区域，如树木区域。由于复杂区域面积较大，其特征经常出现在多个层级的特征中。而分辨率重建过程中的上采样操作往往会导致边界模糊。这与没有 PA 的模型表现一致。相反，PA 能够驱动模型保持并预测精细的边界。

最后，示例（c）观察了包含不连续区域的物体的定位，如原始图像中被圈出的交通标志，它们具有同一个语义，但中间存在一条割裂的细缝。对比分割结果可以发现，在没有 PA 的模型中，原始细缝几乎不可见，而在使用 PA 的模型中，细缝被保留了下来。而使用 PA 的误差图显示的结果相对较弱。由此可见，PA 能够提供更精确的定位，以缓解上采样等引起的语义定位不准问题。

总之，PA 对偏离规范定位特征非常敏感，能够改善小物体细节、区域复杂边缘和具有内部缝隙的物体定位，可促进细粒度分辨率重建，提高模型性能。

3. 相位敏感性约束的实验分析

在表5.2中，PSL 对模型的准确率提升非常显著，尤其是与 BCE 相比（73.3% vs. 72.6% (0.7%↑) & 78.6% vs. 77.3% (1.3%↑)）。图5.10和图5.11给出了两个 PSL 消融研究的典型案例，以证明 PSL 的有效性。

图5.10中的对比结果体现了 PSL 在保护语义多样性方面的有效性。如图5.10中圈出的交通灯和交通标志，它们在 Enc_5 特征中都被激活了。然而，随着解码器使用 BCE 辅助损失来逐渐恢复分辨率，该案例中选择的特征激活程度逐渐降低，直

至在Dec_3阶段完全消失。造成这种情况的原因是，在BCE约束条件下，每一层都需要拟合相同的目标语义，从而导致每一层的语义特征之间出现了权衡，从而牺牲了一些小对象的语义。对比之下，PSL仅对每个对象的定位信息进行优化，而非直接针对语义。因此，在使用PSL的优化过程中，被圈起来的小对象总是会被激活，它们的位置也会不断被优化。

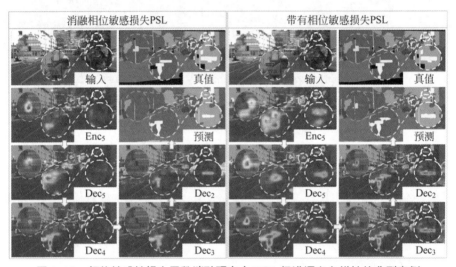

图5.10　相位敏感性损失函数消融研究中PSL促进语义多样性的典型案例

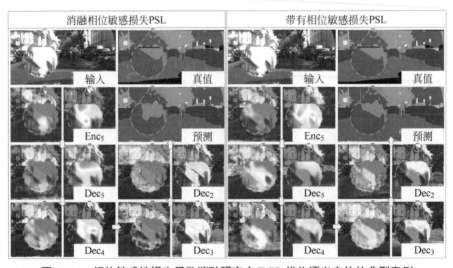

图5.11　相位敏感性损失函数消融研究中PSL优化语义定位的典型案例

此外，图5.11中的对比结果说明了PSL对语义定位的调节作用。在原始图像中的圈出区域，建筑物的顶部几乎与天空融为一体，难以分辨。可以看出，在编码器特征图中，该区域并没有被激活为建筑物，而是被错误地分类为天空。而未使用PSL的模型输出的激活特征和最终的分割结果中，误分类始终存在。对比之下，使用了PSL的模型，当特征被输入解码器后，建筑物-天空的分割便逐渐趋于正确。该对比结果说明PSL能够通过调节相位来优化物体或区域的定位。

为进一步揭示PSL在保留特征多样性方面的优越性，本实验遍历了Cityscapes[107] 验证集，并计算了从 Dec_5 到 Dec_2 的每组特征图中，"人"这一类别的相关矩阵，如图5.12所示。图（a）～（d）分别绘制了 $Dec_{5\sim2}$ 各阶段特征的相关性矩阵，其中，左下三角代表使用了PSL的模型，而右上三角展示了未使用PSL的

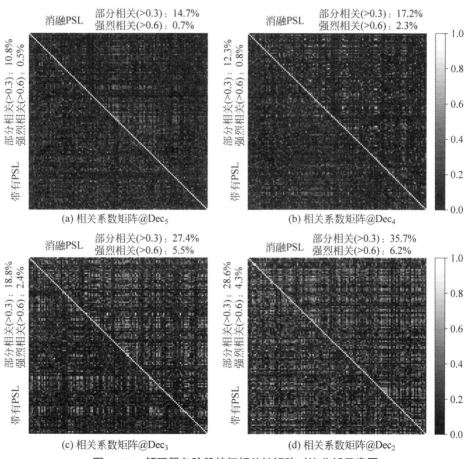

(a) 相关系数矩阵@Dec_5　　　　(b) 相关系数矩阵@Dec_4

(c) 相关系数矩阵@Dec_3　　　　(d) 相关系数矩阵@Dec_2

图 5.12　解码器各阶段特征相关性矩阵对比分析示意图

模型（替换为BCE Loss）。颜色越接近白色，相关性越高，越接近黑色，相关性越低。直观地，使用PSL的每个解码器阶段的特征相关性略低于使用标准BCE loss的阶段，即在每个可视化结果中，左下部分比右上部分更接近黑色。

为了定量描述特征冗余度，本实验统计了每个相关矩阵中部分相关（相关度>0.3）和强烈相关（相关度>0.6）的比例，如图5.12和表5.3所示。可以看出，PSL降低了每个阶段的特征相关性，尤其是对于中等尺度阶段。这可能是由于Dec_5的语义最强、分辨率最低，因此受辅助约束的影响相对较小。另外，Dec_2与最终输出相邻，其表示与分割结果高度相关，因此有无PSL在特征相关性上的差异较小。这一结果充分证明了PSL在保持特征多样性方面的优越性。

表 5.3　特征相关性定量分析表

相 关 程 度	Dec_5		Dec_4		Dec_3		Dec_2	
	w/o	w	w/o	w	w/o	w	w/o	w
部分相关(%)	14.7	10.8	17.2	12.3	27.4	18.8	35.7	28.6
强烈相关(%)	0.7	0.5	2.3	0.8	5.5	2.4	6.2	4.3

5.6.3　与当前先进方法的性能对比

1. 在数据集Cityscapes上的性能对比

表5.4展示了MPLSeg与现有先进方法在Cityscapes[107]测试集上的对比结果。为便于比较，本节实验尽量比较了使用相同骨干网络的方法。对于大尺寸模型，为实现公平比较，本章方法如其他方法一样，网络是在训练-验证集上训练的。

表 5.4　MPLSeg与现有先进方法在Cityscapes测试集上的对比

模 型 大 小	方　　法	骨 干 网 络	mIoU
小模型	BiSeNetV1(ECCV'18)[28]	ResNet-18	74.7
	UperNet(ECCV'18)[146]	ResNet-18	75.4
	ShelfNet(ICCV'19)[116]	ResNet-18	74.8
	MSFNet(BMVC'20)[147]	ResNet-18	77.1
	SwiftNet(CVPR'21)[114]	ResNet-18	76.4
	MSFNet(TIM'21)[125]	ResNet-18	77.1
	MPLSeg(本章方法)	ResNet-18	78.1
	MPLSeg(本章方法)	Swin-T	79.4
	MPLSeg(本章方法)	ConvNeXt-T	**79.5**

续表

模型大小	方　　法	骨干网络	mIoU
大模型	PSPNet(CVPR'17)[35]	ResNet-101	78.4
	PSANet(ECCV'18)[148]	ResNet-101	79.7
	CCNet(ICCV'19)[61]	ResNet-101	81.4
	DANet(CVPR'19)[99]	ResNet-101	81.5
	CPNet(CVPR'20)[149]	ResNet-101	81.3
	OCRNet(ECCV'20)[150]	ResNet-101	81.8
	SFNet(ECCV'20)[124]	ResNet-101	81.8
	SPNet(CVPR'20)[151]	ResNet-101	82.0
	GFFNet(AAAI'20)[140]	ResNet-101	82.3
	OCNet(IJCV'21)[152]	ResNet-101	80.1
	ContrastiveSeg(ICCV'21)[153]	ResNet-101	79.2
	MaskFormer(NeurIPS'21)[154]	ResNet-101	80.3
	DeepLabV3+MCIBI(ICCV'21)[155]	ResNet-101	82.0
	DeepLabV3+MCIBI++(TPAMI'22)[156]	ResNet-101	82.2
	MPLSeg(本章方法)	ResNet-101	82.6
	MPLSeg(本章方法)	Swin-L	83.1
	MPLSeg(本章方法)	ConvNeXt-L	**83.3**

在小模型上，本章方法大幅提升了现有方法的准确率，尤其是基于ResNet-18骨干模型取得了78.1%的mIoU，甚至接近了PSPNet[35]在ResNet-101下的结果（MPLSeg-ResNet18-78.1% vs. PSPNet-ResNet101-78.4%）。MPLSeg在高效卷积网络（ConvNeXt-Tiny 79.5%）和Transformer模型（Swin transformer-tiny 79.4%）上的表现也同样令人欣慰。

基于ResNet-101骨干模型时，尽管现有方法已经取得了接近极限的效果，但本章方法依然对各模型的准确率有所提升。注意到TPAMI'22的方法MCIBI++是一个表现极好的基准网络，在类似的训练和测试条件下，本章方法取得了0.4%的提升及最先进的分割性能。这充分说明了本章方法的优越性。

2. 在数据集ADE20K上的性能对比

表5.5显示了MPLSeg与现有先进方法在ADE20K[109]验证集上的比较结果。当采用ResNet-18骨干网络时，MPLSeg的mIoU达到了40.9%，比之前的Uper-Net+ConvNeXt高出2.1% mIoU。在以ResNet-101为骨干的方法中，本章方法

也表现出了很强的竞争力。值得一提的是，使用 Swin-Transformer 或 ConvNeXt 的 MPLSeg 优于其原始论文中报告的最佳结果（54.0% vs. 52.1% (1.9%↑)，54.5% vs. 53.2% (1.3%↑)）。这对于细粒度语义分割任务提供了新的思路和方法。

表 5.5　MPLSeg 与现有先进方法在 ADE20K 验证集上的对比

模 型 大 小	方　　　法	骨 干 网 络	mIoU
小模型	UperNet(ECCV'18)[146]	ResNet-18	38.8
	Swin Transformer(ICCV'21)[145]	Swin-T	44.5
	MaskFormer(NeuraIPS'21)[154]	Swin-T	46.7
	ConvNeXt(CVPR'22)[144]	ConvNeXt-Tiny	46.1
	MPLSeg(本章方法)	ResNet-18	40.9
	MPLSeg(本章方法)	Swin-T	46.7
	MPLSeg(本章方法)	ConvNeXt-T	**47.3**
大模型	PSPNet(CVPR'17)[35]	ResNet-101	43.3
	PSANet(ECCV'18)[148]	ResNet-101	43.8
	UperNet(ECCV'18)[146]	ResNet-101	42.9
	EncNet(CVPR'18)[157]	ResNet-101	44.7
	CCNet(ICCV'19)[61]	ResNet-101	45.8
	CPNet(CVPR'20)[149]	ResNet-101	46.3
	OCRNet(ECCV'20)[150]	ResNet-101	45.3
	GFFNet(AAAI'20)[140]	ResNet-101	45.3
	OCNet(IJCV'21)[152]	ResNet-101	45.5
	MaskFormer(NeuraIPS'21)[154]	ResNet-101	45.5
	DeepLabV3+MCIBI(ICCV'21)[155]	ResNet-101	47.2
	UperNet+MCIBI++(TPAMI'22)[156]	ResNet-101	47.9
	Swin Transformer(ICCV'21)[145]	Swin-L	52.1
	MaskFormer(NeuraIPS'21)[154]	Swin-L	54.1
	ConvNeXt(CVPR'22)[144]	ConvNeXt-L	53.2
	MPLSeg(本章方法)	ResNet-101	47.9
	MPLSeg(本章方法)	Swin-L	54.0
	MPLSeg(本章方法)	ConvNeXt-L	**54.5**

3. 在数据集 COCO-Stuff 上的性能对比

MPLSeg 与现有先进方法在 COCO-Stuff 164K[108] 验证集上的对比结果见表5.6。无论是在 ResNet 系列、ConvNeXt 系列还是在 Transformer 模型（Swin transformer）

上，本章方法都取得了优异结果，进一步证明了MPLSeg的有效性。

表 5.6 MPLSeg与现有先进方法在COCO-Stuff 164K 验证集上的对比

模 型 大 小	方 法	骨 干 网 络	mIoU
小模型	BiSeNetV1(ECCV'18)[28]	ResNet-18	28.6
	MPLSeg(本章方法)	ResNet-18	32.2
	MPLSeg(本章方法)	Swin-T	40.0
	MPLSeg(本章方法)	ConvNeXt-T	40.3
大模型	SVCNet(CVPR'19)[158]	ResNet-101	39.6
	DANet(CVPR'19)[99]	ResNet-101	39.7
	OCRNet(ECCV'20)[150]	ResNet-101	39.5
	SpyGR(CVPR'20)[159]	ResNet-101	39.9
	MaskFormer(NeuraIPS'21)[154]	ResNet-101	39.3
	DeepLabV3+MCIBI(ICCV'21)[155]	ResNet-101	41.5
	UperNet+MCIBI++(TPAMI'22)[156]	ResNet-101	41.8
	MPLSeg(本章方法)	ResNet-101	43.6
	MPLSeg(本章方法)	Swin-L	46.5
	MPLSeg(本章方法)	ConvNeXt-L	**46.8**

5.7 本章小结

本章提出的 MPLSeg 是一种新颖的分割架构，它致力于增强网络的分辨率细节重建能力和泛化能力。通过揭示图像幅值和相位在语义和定位方面的对称反向固有特性，MPLSeg 的核心组件 AFM 利用幅度感知器 MP 和相位修正器 PA 促进模型保持对突出频率组合和非规范定位特征的敏感性。此外，辅助相位约束 PSL 强调了纯相位监督在原定位优化中的有效性。细致的消融研究突出了 MPLSeg 的核心价值在于，针对定位敏感的视觉任务进行语义定位解耦建模和分析具有普适性和优越性。大量的实验证明了 MPLSeg 的优越性，其在公共数据集上实现了最先进的性能。本章工作还阐述了以往架构在原型定位表征建模方面的一些局限性。该工作进一步证明了将谱建模方法引入神经架构工程领域的潜力，促进了对视觉模型内在机制的深入研究。

第6章

模型训练动态优化

　　结合第2~5章方法的训练与推理实践发现，各算法在训练集上几乎已经完全收敛，而验证集上的推理准确率则较训练准确率有大幅下降，凸显泛化能力不足的问题。事实上，深度卷积神经网络在复杂视觉任务上有效性和先进性高度依赖于其冗余的参数和复杂的连接结构。正因此，各种不同的超参数或结构变化都会急剧改变网络的训练动态，从而导致不同的优化结果。本章从结构重参数化角度出发，提出了一种基于深度矩阵分解的稠密重参数化算法（densely reparameterization block, DR-Block）。在保证推理结构不变的同时，增加网络在训练阶段的模型容量，从而改变网络的训练动态，进而无痛提升网络的泛化能力。本章通过结构重参数化算法解耦了训练阶段与推理阶段的网络结构。具体而言，在训练期间，首先将给定CNN模型的每个卷积层重参数化为深度矩阵分解形式，从而为模型引入额外的隐式正则化效应；随后引入批归一化层来保证重参数化模型的可训练性与稳定性；最后通过稠密连接改善重参数化模型中每个因子矩阵的权重分布来缓解网络退化问题。在推理阶段，训练好的模型可通过等价参数变换转换为原始推理结构进行部署，从而实现网络模型泛化能力的无痛提升。本章通过大量实验，论证了DR-Block的内在机理，即加强模型在大奇异值方向学习，同时抵抗在小奇异值上学习的衰减。与现有先进重参数化方法的对比和对本书第2~5章方法的性能提升，说明了本章所提出的算法在改善网络训练动态及提升网络泛化能力方面的有效性。

6.1　概述

　　现有结构重参数化（structural reparameterization，SR）算法往往采用丰富特征空间的思想来增大模型容量，进而提升网络性能。考虑到现有深度网络模型

的梯度优化过程对训练数据的严重依赖，本章方法关注并研究了网络模型的训练
动态，解析了网络学习到的参数空间的本质特征，进而对网络的训练过程进行定
向优化，从而提升原始深度卷积神经网络的泛化能力。本章拟解决的网络模型在
训练优化方面的科学问题如6.1.1节所示。

6.1.1　拟解决的主要问题

本章拟解决的场景语义解析网络在训练优化方面的主要问题如下。

（1）**给定网络在训练过程中不可避免地受到特征噪声和参数异常值影响**。现
有深度网络模型在梯度优化过程中极度依赖训练数据，然而，当前计算机视觉任
务中广泛使用的大型数据集，如COCO数据集[108]，VOC数据集[106]，ImageNet
数据集[130]等，由于自然图像的高维信息属性和人工标注带来的标签噪声与错误
等问题，即便训练之前进行了数据预处理，网络在学习过程中也极易受特征噪声
和参数异常值影响，从而在一定程度上影响了网络的泛化能力和稳定性。为了减
少对噪声和奇异值的学习，一个简单的思想就是减弱卷积在特征小奇异值方向上
的学习，即进行特定的隐式正则。Arora等[79-80]的工作则揭示了深度矩阵分解模
型在梯度优化过程中的这种隐式正则效应。受此启发，本章通过将给定模型的卷
积层重参数化为深度矩阵分解结构，从而改善原始网络的训练动态，进而提升网
络泛化能力。

（2）**额外参数的引入在改变网络训练动态的同时，通常会加剧网络的训练难
度**。结构重参数化方法的本质是通过引入额外的参数来增加给定网络的模型容量，
进而改变训练阶段的非线性动力学；然而，额外参数的引入会导致训练阶段的节
点增加。考虑到重参数化结构的可训练性，为避免梯度消失和梯度爆炸，本章方法
通过引入批归一化层（BN）来调整重参数化结构中网络权重的分布。本章充分利用
了BN在训练时表现出的非线性性和在推理阶段表现出来的线性能力，在训练时利
用BN加强隐式正则化作用，并在推理重参数化时将BN与卷积操作进行了融合。

（3）**结构重参数化设计极易为模型优化过程带来新的奇异点，在网络逐渐加
深时导致网络退化**。现有的结构重参数化方法主要从两种角度设计网络重参数化
结构。其一是Ding等的系列方法[64-66]主张从丰富特征空间的角度利用多分支并
行线性操作来实现CNN性能的提升；其二是以ExpandNet[75]和DO-Conv[76]为代
表的方法，从过参数化的角度实现浅层网络的性能提升。然而，由于结构重参数

化设计一般仅包含线性层，该方法极易使给定网络的训练陷入新的奇异点。这些奇异点往往是由参数子集的不可识别性造成的，从而影响网络训练速度，甚至造成网络退化。针对网络退化问题，何恺明等[1]证明了跳跃连接能够极大改善深度网络的训练问题，Orhan[160]等的后续工作也证明了跳跃连接对改变网络奇异性的积极作用。因此，本章方法提出通过在结构重参数化模型中添加稠密连接来改善因子矩阵的参数分布，从而改善网络的奇异性，缓解网络退化问题。

6.1.2 研究内容及贡献

针对6.1.1节所提出的科学问题，本章研究内容及贡献如下。

（1）从深度矩阵分解这一新颖角度构建一种新型结构重参数化模型。该模型通过减弱网络在特征的小奇异值方向的学习，向给定CNN模型引入额外的隐式正则化效应，从而改善原始网络的训练动态，提升泛化能力。

（2）在（1）的基础上，本章方法通过引入批归一化处理（BN）来调整重参数化结构的权重分布，从而保证重参数化结构的可训练性与稳定性，并利用BN在训练时的非线性性增强隐式正则化效应，进一步改善网络训练动态。

（3）在（2）的基础上，本章进一步添加稠密连接来改善因子矩阵的权重分布，从而降低层间线性相关性，改善重参数化网络的奇异性，进而缓解随着网络加深而产生的网络退化问题。

6.2 隐式正则效应度量方法

已有研究[161-162]证明，模型的隐式正则化效应可以在训练过程中以及最终学习到的权重中观察到。由于严格分析复杂线性的SR结构对非线性先验模型的影响是非常困难的，因此本节定义了以下两种度量方法来显式观测训练过程及推理阶段的隐式正则效应，从而促进重参数化结构的可解释性。

6.2.1 网络训练动态度量

由于正则化训练的主要目标是抑制噪声、学习本质表征，与特征图直接相关，因此观测特征空间的学习响应有助于显式分析网络的训练动态。受Ergen等工作[84]的启发，通过定义一个基于特征空间的距离度量 $d_j^{(k)}(X^l, O^l)$ 来估计卷积层权重的训练动态。具体地，该度量被定义为每 k 次迭代后，卷积层权重 W^l 的输入输出右奇异向量之间的余弦相似度。

$$d_j^{(k)}(X^l, O^l) := \frac{(\boldsymbol{v}_j^{a\mathrm{T}})(\boldsymbol{v}_j^b)}{\|\boldsymbol{v}_j^a\|_2 \|\boldsymbol{v}_j^b\|_2} \tag{6.1}$$

其中，$\boldsymbol{v}_j^a$ 和 $\boldsymbol{v}_j^b$ 分别是输入-输出特征图 X^l 和 O^l 经过奇异值分解后，其右奇异向量矩阵 $\boldsymbol{V}^a$ 和 $\boldsymbol{V}^b$ 的列向量。

统计学上，奇异向量能够表示训练数据在不同方向上的投影或向量。通过分析输入与输出对应右奇异向量的余弦相似度，能够了解在训练过程中，信息是如何沿着卷积层输入的不同主成分方向进行变换的。具体来说，不同奇异值的奇异向量之间的余弦相似度如果接近于1时，表示输入和输出的奇异向量高度对齐。这意味着该卷积层学习到了有效的特征转换，将输入映射到新的表征空间；这通常表示卷积层的权重正在产生有意义的特征学习。当余弦相似度接近0时，表示输入和输出的奇异向量接近正交。这可能意味着该层没有学习到非常有用的特征转换，即信息流传递较弱。简而言之，比较重新参数化前后的 $d_j^{(k)}$，数值越小，说明该奇异向量 $\boldsymbol{v}_j^a$ 方向上的学习效果越弱。因此，该指标可以用于评估权重 W^l 在输入特征的奇异向量方向上随时间变化的学习动态。

在6.3节的实验中，通过绘制 ResNet-18 某一阶段下重参数化权重 W_{SR}^l 与原始权重 W^l 在不同奇异向量下的 $d_j^{(k)}$ 对比结果来显式说明其动态变化。由于网络浅层阶段的特征图在空间和知识表征上存在巨大冗余，实验中将特征图所有奇异值降序排列后，仅取前5%大的奇异值对应的右奇异向量进行对比分析。其中，上半部分灰黑色范围越大、颜色越深，表示该卷积层削弱了对输入在该奇异值方向上的学习。

6.2.2 推理权重奇异值分布度量

6.2.1节中的距离度量 $d_j^{(k)}(X^l, O^l)$ 侧重于表征网络针对某输入分布所学习的奇异值方向情况。然而，特征空间与数据集息息相关，难以定量对比网络重参数化前后的正则化程度。考虑到训练好的权重与输入数据无关，本节提出通过计算网络推理权重的奇异值分布情况来量化隐式正则化效应。具体来说，本节统计了极小（< 0.01）奇异值（RT）和大（前10%）奇异值（RL）的占比。其中RT越大，权重矩阵的秩越低，线性相关程度越高，网络越退化；RL越大网络权重提取到的特征越显著，网络泛化能力越强。值得注意的是，6.3节的方法部分中利用度量

$d_j^{(k)}(X^l, O^l)$ 来简单说明 DR-Block 设计的合理性，因此仅与基准网络（ResNet-18）进行对比，而在 6.5 节的实验部分利用（RT,RL）度量对 DR-Block 的有效性进行了全面验证。

6.3 稠密重参数化驱动的隐式正则机制

稠密重参数化模型（DR-Block）结构及其与现有先进方法对比可见图6.1。

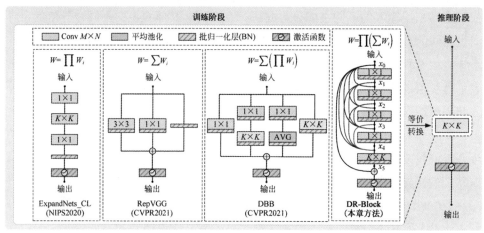

图 6.1 稠密重参数化模型结构及其与现有先进方法对比示意图

为凸显本章方法的创新性，图6.1中列举了当前代表性结构重参数化方法，并在每种方法对应的结构图上方，通过公式对其重参数化过程进行简要描述，从而凸显本章方法与现有方法在结构上的本质区别。

6.3.1 构建深度矩阵分解式结构

众所周知，尽管基于梯度优化的方法通常能够有效寻找全局最优解，但在采用诸如 SGD 等局部搜索算法进行训练后，模型的泛化能力往往表现不佳。图6.2(a) 显示了 ResNet-18 在 Cifar-100 数据集的 Top-1 准确率曲线，其训练细节见6.5.1节。从图6.2中可观察到，ResNet-18 网络已充分拟合训练数据集，但其在验证集上的性能却大打折扣。这一准确度的巨大差异揭示了模型的过拟合现象，凸显了现有方法在泛化能力上的局限。卷积神经网络（CNN）的优化问题往往极度依赖训练数据，传统的 CNN 模型由于其对全局上下文建模的能力有限，所学到的特征图通常容易受到噪声、冗余或者信息缺失的干扰。上述分析揭示了一种潜在的低秩正则方法，以抑制噪声学习和数据过度依赖，从而提升网络的泛化能力。本节旨在设计一种新的结构重参数化模块，引入额外的隐式正则机制，以减弱模型对特征图的小奇异值方向的学习，从而摒除噪声等影响。

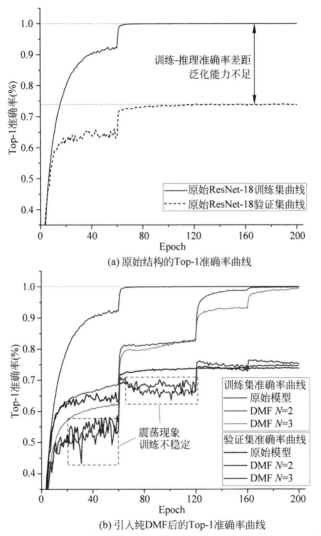

(a) 原始结构的Top-1准确率曲线

(b) 引入纯DMF后的Top-1准确率曲线

图 6.2 CIFAR-100 数据集上 ResNet-18 引入 DMF 前后的 Top-1 准确率曲线

得益于深度矩阵分解（DMF）在梯度优化过程中的隐式正则效应[80]，根据 CNN 模型的具体实现，本节将给定 CNN 模型的卷积层替换为 N 层连续卷积实现深度矩阵分解结构，从而向给定模型提供额外的隐式正则化效应。记网络输入为 X，输出为 Y，第 i 层卷积（Conv）权重为 W_i，令第 i 层权重参数的线性变换为 W_i'，则重参数化结构输出如式(6.2)所示。

$$Y = W_N' \otimes W_{N-1}' \otimes \cdots \otimes W_1' \otimes X = \left(\prod_{i=1}^{N} W_i' \right) \otimes X \qquad (6.2)$$

其中，$\otimes$ 表示卷积操作，这里扩展连乘符号 $\prod$ 来表示等价的连续卷积。

为验证引入隐式正则效应的合理性，我们首先观察了 ResNet-18 模型在单独引入 DMF 结构后的 Top-1 准确率曲线，如图6.2(b) 所示，引入较浅深度（$N \leqslant 3$）的 DMF 结构促进了网络的泛化但在一定程度上降低了网络训练的收敛速度。

此外，本节分别绘制了度量 $d_i^{(k)}(X^2, O^2)$ 在原始卷积和不同深度的 DMF 的可视化结果。如图6.3所示，该图可视化了引入 DMF 前后 ResNet-18 在第1阶段输入相对于输出在各奇异值方向（降序）上的余弦相似度。由此可见，随着训练 Epoch 的增加，图6.3(a) 中的原始模型几乎均匀地拟合了原始奇异值方向，包括小奇异值。相反，图6.3(b) 和图6.3(c) 上半部分的灰黑色范围逐渐扩大，且颜色更深。这一变化揭示了模型在引入 DMF 后，对特征图中小奇异值方向的学习强度逐渐降低，且此降低效应随着 DMF 深度（N）的增加而增强。这一现象直观地展现了 DMF 的隐式正则效应。

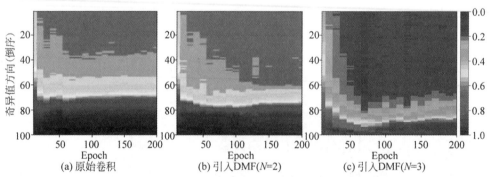

图 6.3 引入 DMF 前后 ResNet-18 在第 1 阶段输入相对于输出在各奇异值方向（降序）上的余弦相似度

6.3.2 引入 BN 保证可训练性

深度矩阵分解式的结构实际上将网络深化了（$N-1$）倍，因此利用 BN 来提高重参数化结构的可训练性，避免梯度消失和梯度爆炸。此外，最近的一项通过凸优化的方法解密 BN 的研究[84]证明，单纯引入 BN 的网络同样能够产生类似的隐式正则化效应。由于在推理时，BN 可看作是对 Conv 权重的线性变换，因而在重参数化时可以直接将 BN 与 Conv 进行融合。为此，在每一层 Conv 层之后引入 BN 层后，重写 $W_i^{'}$ 可得到式(6.3)。

$$W_i^{'} = \mathrm{BN}\,(W_i) = \alpha W_i + \beta \tag{6.3}$$

其中，α 和 β 分别为 BN 与 Conv 融合后的缩放因子和偏置。

　　为了验证 BN 的必要性，图6.4回顾了 CIFAR-100 数据集上 ResNet-18进一步引入 BN 前后的 Top-1 准确率曲线。如图6.4(b)所示，虚线表示在每个模型的 DMF 中引入 BN 层后的效果。结果表明，同时引入 BN 的模型的训练曲线收敛速度明显快于仅引入普通 DMF 的模型。在验证集上，虚线（添加了 BN 的模型）表现得更加平滑，振荡幅度更小，最终精度也有所提高。这表明 BN 在一定程度上缓解了普通 DMF 加深之后带来的训练问题。

　　此外，图6.5可视化了引入 BN 前后 ResNet-18在第1阶段输入相对于输出在各奇异值方向上的余弦相似度，即特征图奇异值动态，以观察 BN 对 DMF 引入的隐式正则效应影响。结果表明，BN 在 DMF 的基础上发挥双重作用：一是能够平滑训练过程，这在引入 BN 模型的奇异值动态结果中表现为随训练周期的增加，其各奇异值方向上相对平滑的学习轨迹；二是增强 DMF 的隐式正则效应。具体表现

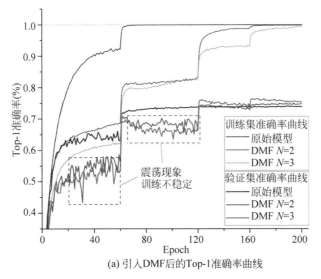

(a) 引入 DMF 后的 Top-1 准确率曲线

图 6.4　CIFAR-100 数据集上 ResNet-18 进一步引入 BN 前后的 Top-1 准确率曲线

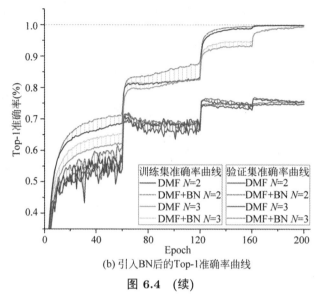

(b) 引入BN后的Top-1准确率曲线

图 6.4 （续）

为，引入BN后，图6.5(b)、图6.5(c)的顶部灰黑色范围扩大，且颜色变得更深，这表明BN进一步削弱了模型对输入特征图的小奇异值方向的学习。

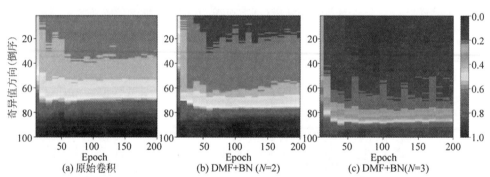

图 6.5 引入 BN 前后 ResNet-18 在第 1 阶段输入相对于输出在各奇异值方向（降序）上的余弦相似度

6.3.3 引入稠密连接以缓解奇异性

Saxe[163] 和 Arora[80] 的工作证明了隐式正则化效应并不总是能够促进网络泛化能力。矩阵的奇异值随着深度矩阵分解结构的加深而越来越集中在零附近，加剧了重参数化矩阵的线性相关性。这会导致积矩阵变得越来越线性相关，即越来越奇异。随着网络加深，该趋势将大幅减慢网络沿参数空间小奇异值方向的优化，从而降低模型的有效维度，导致网络退化，表现如图6.6(a) 所示。

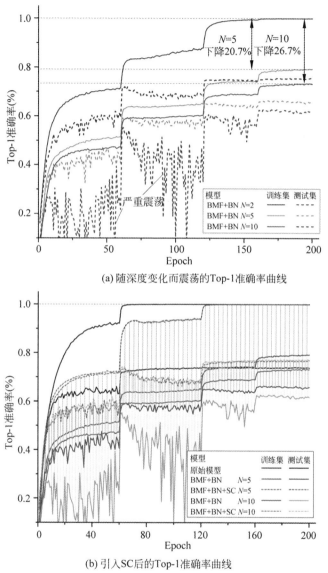

(a) 随深度变化而震荡的Top-1准确率曲线

(b) 引入SC后的Top-1准确率曲线

图 6.6 CIFAR-100 数据集上 ResNet-18 进一步引入 SC 前后的 Top-1 准确率曲线

为此，本节通过引入稠密连接来缓解该问题。通过在前 $N-1$ 个卷积两两之间以跳跃连接（SC）将特征图相连，构成一个类似稠密块的结构，其增长率为 $C_{\mathrm{in}}/(N-1)$，其中 C_{in} 为输入通道数。然后将前 $N-1$ 层特征图与输入 X 进行拼接（Concat），输入第 N 个卷积。最后，使用跳跃连接将输入 $\boldsymbol{X}$ 与第 N 层输出相加，得到最终输出。为了简化描述，这里将 Concat 操作表示为符号 $\oplus$，具体如式(6.4)所示。

$$
\begin{aligned}
\mathrm{Concat}\,(\boldsymbol{X}_m,\ \boldsymbol{X}_n) &= [\boldsymbol{X}_m|0] + [0|\boldsymbol{X}_n] \\
&= ([W_m|0] + [0|W_n])\,\boldsymbol{X}_0 \\
&= (W_m \oplus W_n)\,\boldsymbol{X}_0
\end{aligned}
\tag{6.4}
$$

其中，$\boldsymbol{X}_m$ 和 $\boldsymbol{X}_n$ 表示拼接的张量，W_m 和 W_n 为 $\boldsymbol{X}_m$ 和 $\boldsymbol{X}_n$ 相对于 $\boldsymbol{X}_0$ 的等价权重，$[\cdot|0],[0|\cdot]$ 表示零增广矩阵。基于式(6.3)和式(6.4)，令图6.1中的第 i 个卷积输出为 $\boldsymbol{X}_i$，I 表示恒等变换，最终 DR-Block 的各个节点的输出可描述为式(6.5)。

$$
\begin{cases}
\boldsymbol{X}_0 = \boldsymbol{X} \\
\boldsymbol{X}_1 = W_1' \otimes \boldsymbol{X}_0 \\
\boldsymbol{X}_2 = W_2' \otimes (\boldsymbol{X}_1 \oplus \boldsymbol{X}_0) = W_2' \otimes \left(W_1' \oplus I\right) \otimes \boldsymbol{X}_0 \\
\vdots \\
\boldsymbol{X}_N = W_N' \otimes (\boldsymbol{X}_{N-1} \oplus \cdots \oplus \boldsymbol{X}_0) = \left(W_N' \otimes \prod_{i=1}^{N-1}\left(W_i' \oplus I\right)\right)\boldsymbol{X}_0 \\
\boldsymbol{Y} = \boldsymbol{X}_N + \boldsymbol{X}_0 = \left(W_N' \otimes \prod_{i=1}^{N-1}\left(W_i' \oplus I\right) + I\right)\boldsymbol{X}_0
\end{cases}
\tag{6.5}
$$

为进行显式对比分析，图6.6分别绘制了 CIFAR-100 数据集上 ResNet-18 进一步引入 SC 前后的 Top-1 准确率曲线。图6.6(a) 显示了由于 N 增大而产生的退化问题，即随着深度加深，尤其深度 N 为10时，准确率曲线出现严重震荡，训练过程极其不稳定，且难以收敛。在相同条件下，进一步引入 SC 后的 Top-1 准确率曲线如图6.6(b) 中虚线所示。结果表明，SC 的引入有助于解决退化问题。

通过以上分析，网络性能退化的原因在于过大的 N 导致普通 DMF+BN 的重参数化策略过度正则化。基于对图6.5的分析和图6.6(b) 的结果，本节深入探讨了 SC 对隐式正则化效果的影响。具体而言，本节对网络的第1、2、3、4阶段中最后一个卷积层进行了观察，并计算了它们的输入输出特征图右奇异向量的余弦相似度，可视化结果如图6.7所示。考虑到随着网络加深，特征图尺寸逐渐变小，但伴随着语义性逐渐增强，冗余性减弱。因此，图6.7中所观测的奇异值数量由100增加到了500。

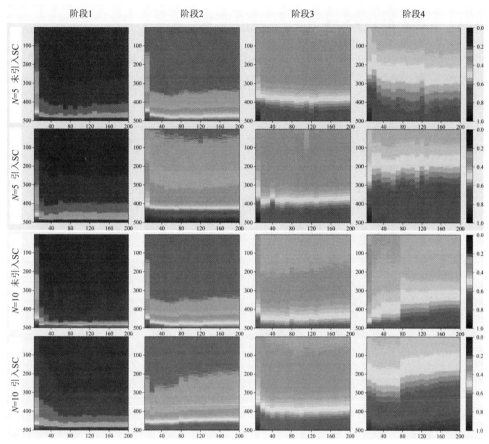

图 6.7　将 SC 引入 DMF+BN 对 ResNet-18 各阶段特征图奇异值方向学习行为的影响

由图6.7可见，没有SC的模型在每个阶段上学习的奇异值数量几乎都比具有SC的网络要少得多。在阶段4的对比尤为明显。这说明随着 N 的增大，DMF+BN的组合提供的隐式正则化作用也在增强。然而小奇异值学习的过度削弱会加剧重参数化权重的奇异性，从而导致网络的有效特征表征维度降低，进而造成网络退化。相反，引入SC的DR-Block在网络浅层的1、2阶段（底部颜色更深）增强了在大奇异值方向上的学习，且在深层的3、4阶段，显然扩大了模型学习的奇异值方向范围。这意味着SC在浅层维持甚至增强了隐式正则化效应，而在深层反而阻抗了它。为此，此处假设SC帮助DR-Block实现了一种平衡的隐式正则化机制，从而在避免网络退化的同时提升泛化能力。为验证该假设，本章在实验部分进行了更具信服力的验证与分析。

6.4　训练-推理解耦结构及等价变换

在推理阶段，基于由丁霄汉等在DBB[66]中所提出的几种重参数化变换，其计算公式如式(6.7)～式(6.14)所示，训练好的DR-Block通过算法4能够等价转换为一个单一的卷积。

算法 4: 稠密重参数化模块等价转换为单一卷积算法

    输入　　　：训练好的稠密重参数化模块
    输出　　　：重参数化后的单一卷积
    符号定义：N: DR-Block 的深度
    　　　　　　W_i, BN_i: 第 i 个 Conv 或 BN 的权重与偏置
    函数定义：T_{identity}: 恒等映射等价卷积的权重与偏置
    　　　　　　T_{BNConv}: 融合 Conv-BN 后等价卷积的权重与偏置
    　　　　　　T_{concat}: 通道拼接等价卷积的权重与偏置
    　　　　　　$T_{1\times 1\_k\times k}$: 融合级联卷积后等价卷积的权重与偏置
    　　　　　　T_{add}: 卷积相加后等价卷积的权重与偏置

    // 初始化

1　$i \leftarrow 1, W \leftarrow T_{\mathrm{identity}}()$;
2　**while** $i \leqslant N$ **do**
3　　　$W_i^{'} \leftarrow T_{\mathrm{BNConv}}(W_i, BN_i)$;　　　　　　　　　　*// 融合 Conv-BN*
4　　　**if** $i \neq 1$ **then**
5　　　　　$W_i^{'} \leftarrow T_{1\times 1\_k\times k}(W_i^{'}, W)$;　　　　　　　*// 合并相邻卷积*
6　　　**end**
7　　　**if** $i \neq N$ **then**
8　　　　　$W \leftarrow T_{\mathrm{concat}}(W_i^{'}, W)$;　　　　　　　　*// 合并通道拼接*
9　　　**else**
10　　　　$W \leftarrow W_i^{'}$;　　　　　　　　　　　　　*// 最后一层不存在通道拼接*
11　　　**end**
12　　　$i \leftarrow i + 1$;
13　**end**

假设输入特征图为 $X \in R^{C \times H \times W}$，输出特征图为 $Y \in R^{C \times H' \times W'}$，其对应卷积核为 $F \in R^{D \times C \times K \times K}$，偏置为 $b \in R^D$。卷积操作用符号 $\otimes$ 表示。为方便后续合并，将偏置参数 b 表示为 $\mathrm{REP}(b) \in R^{D \times H' \times W'}$。此时，输出结果可表示为

$$Y = X \otimes F + \mathrm{REP}(b) \tag{6.6}$$

（1）**Conv-BN变换**。卷积层后级联BN层，相当于将输出特征图进行通道级的归一化和线性缩放。此时第j个通道的输出特征图的表达式为

$$Y_{j,:,:} = ((X \otimes F)_{j,:,:} - \mu_j) \frac{\gamma_j}{\sigma_j} + \beta_j \tag{6.7}$$

其中，μ_j和σ_j为累计的通道级均值和方差，γ_j和β_j是对应的可学习的缩放因子和偏置。根据卷积的同质特性，卷积和BN能够在推理时合并为单一卷积，合并后的卷积核参数表达式为

$$F'_{j,:,:} \leftarrow \frac{\gamma_j}{\sigma_j} F_{j,:,:}, \qquad b'_j \leftarrow -\frac{\mu_j \gamma_j}{\sigma_j} + \beta_j \tag{6.8}$$

（2）**分支合并变换**。分支合并利用了卷积的可加性，两个分支卷积参数合并为一个单一卷积的变换公式如式(6.9)所示。若分支上既有卷积层也有BN层，则需先进行Conv-BN变换，然后进行分支合并变换。

$$F' \leftarrow F^{(1)} + F^{(2)}, \qquad b' \leftarrow b^{(1)} + b^{(2)} \tag{6.9}$$

（3）**序列卷积合并变换**。本章方法主要将1×1 Conv-BN-$K \times K$ Conv形式合并为单一卷积。首先将每个Conv后级联的BN合并到卷积层中可得$F^{(1)} \in R^{D \times C \times 1 \times 1}, b^{(1)} \in R^D, F^{(2)} \in R^{E \times D \times K \times K}, b^{(2)} \in R^E$。此时对应的输出结果具有如下表达式：

$$\begin{aligned} Y' &= \left(X \otimes F^{(1)} + \text{REP}\left(b^{(1)}\right) \right) \otimes F^{(2)} + \text{REP}\left(b^{(2)}\right) \\ &= X \otimes F^{(1)} \otimes F^{(2)} + \text{REP}\left(b^{(1)}\right) \otimes F^{(2)} + \text{REP}\left(b^{(2)}\right) \end{aligned} \tag{6.10}$$

假设合并为单一卷积后的参数为F', b'，则有

$$Y' = X \otimes F' + \text{REP}(b') \tag{6.11}$$

由于$F^{(1)}$为1×1卷积，其仅执行通道级的线性变换且对空间维度没有影响，因此，可以将连续的1×1卷积与$K \times K$卷积合并为单个$K \times K$卷积。由DBB[66]可知，卷积合并的计算表达式为

$$F' \leftarrow F^{(2)} \otimes \text{TRANS}\left(F^{(1)}\right), \qquad b' \leftarrow \hat{b} + b^{(2)} \tag{6.12}$$

其中，

$$\hat{b}_j \leftarrow \sum_{d=1}^{D} \sum_{u=1}^{K} \sum_{v=1}^{K} b_d^{(1)} F_{j,d,u,v}^{(2)}, \quad 1 \leqslant j \leqslant E \tag{6.13}$$

式(6.12)中，$\text{TRANS}(F^{(1)}) \in R^{C \times D \times 1 \times 1}$ 代表对 $F^{(1)}$ 进行张量变换。值得注意的是，对于需要进行输入零填充的 $K \times K$ 卷积操作并不满足式(6.10)。

（4）**深度拼接变换**。稠密重参数化模块的设计对不同分支进行特征融合时采用了深度拼接的方式。此时这些分支包含了相同配置的卷积操作，因此可以将卷积核参数通过式(6.14)进行等价变换后合并为单一卷积操作。式中，$F' \in R^{(D_1+D_2) \times C \times K \times K}$，$b' \in R^{D_1+D_2}$。

$$\text{CONCAT}(X \otimes F^{(1)} + \text{REP}(b^{(1)}), X \otimes F^{(2)} + \text{REP}(b^{(2)})) = X \otimes F' + \text{REP}(b') \quad (6.14)$$

6.4.1 稠密重参数化模块相关参数选择

（1）**卷积核配置**。稠密重参数化模块（DR-Block）的 N 层卷积可以有多种核参数配置。在实际应用中，为保证结构重参数化模型与原卷积操作的感受野相同，一般或将 $K \times K$ 卷积拆分为多个卷积核大小不为1的级联的卷积，或使用一系列不改变感受野的 1×1 卷积再与 $K \times K$ 卷积进行级联。考虑到常用CNN结构常将卷积核大小设为 3×3，无法拆成 $N > 2$ 个核大小不为1的连续小卷积核。因此，DR-Block中的核大小参数采用了后者的设置，即将前 $N-1$ 层卷积层设置为级联的 1×1 卷积，仅最后一层卷积层设置为 $K \times K$ 卷积。这样的参数配置仅仅是经验性的设计，极有可能不是最优配置。而结构性能还可能与通道数、特征图大小等多种因素有关，这些参数可通过未来可能的神经网络架构搜索方法获得。本章方法旨在给出一种简洁通用的例子，用来揭示DR-Block有效的内在思想和本质原因。

（2）**稠密连接的考虑因素**。在理论上，稠密连接（DC）和连续加法连接（CASC）都能够近似实现式(6.5)所表达的结构。然而，启发于DenseNet[3]的设计，前 $N-1$ 层采用稠密连接方式，能够节省内存占用量并减少训练参数量。为进一步对比两种方式的区别，表6.1显示了DR-Block设计中利用稠密连接与加法跳跃连接2种不同实现方法在参数量、计算量（GFLOPs）、内存占用量、训练时间及准确率等指标的对比结果。数据表明，利用稠密连接方式具有显著的优越性。对于最终输出，通过将模块输入与前 $N-1$ 层的输出结果进行相加，并输入到非线性激活层而得到最终结果。否则，最后一层 $K \times K$ 卷积只能生成最终输出的部分结果，从而削弱 $K \times K$ 卷积的特征提取作用。

表 6.1　DR-Block 设计中使用稠密连接或加法跳跃连接的对比结果

方　　法	参　数　量	GFLOPs	内 存 占 用	训 练 时 间	准确率 (%)
CASC	26.95M	1.38G	4.45G	2.5h	75.86
DC	**23.95M**	**1.20G**	**3.99G**	**2.1h**	**76.72**

（3）**深度 N 的设置**。由于多分支结构的存在，N 的增长必然导致网络模型计算和训练难度的增加。此外，随着深度加深，网络模型的性能往往会趋于饱和而不会无限提升。因此在实际设计中，需要在性能提升和训练成本之间进行权衡。经实验验证与分析，最终，当设置 $N=5$，DR-Block 具有良好的性能。详细的实验分析与结果见6.5.2节。

6.4.2　稠密重参数化模块的建模对比

为了凸显与其他典型方法的区别，这里使用一些非正式的公式来描述各种重参数化方法，如图6.1中各方法名称右面的公式所示。具体而言，以 ExpandNet[75] 和 DO-Conv[76] 为代表的方法，实际上是在竖直方向上对网络进行过参数化，表现为连续的多个卷积（不级联BN层），可表示为 $\prod W_i$。以 RepVGG[65] 为代表的方法则是在水平方向上扩展多个分支，可简单记作 $\sum W_i$。而以 DBB[66] 和 ACNet[64] 为代表的方法则是结合了竖直与水平方向的重参数化变换，通过不同分支上的不同感受野来增大模型容量，因此该方法以多分支融合为主，其建模形式可简单表示为 $\sum(\prod W_i)$。而本章所提出的 DR-Block 的建模表达式可以简单表示为 $\prod(\sum W_i)$，旨在通过深度矩阵分解式的结构对给定网络提供额外的隐式正则化效应，并通过稠密连接缓解网络退化问题，这也是本章方法与其他方法在思想和实现上的最大不同。

6.5　实验结果与分析

本节将展示所设计的稠密重参数化模块（DR-Block）在多个典型任务上的优异表现。首先在著名的小数据集 CIFAR-10/100[164] 上进行消融研究来深入揭示与验证 DR-Block 的有效性及其本质原因；随后，通过与现有的网络重参数化方法进行对比，进一步说明 DR-Block 的内在机理；并将实验扩展至 ImageNet[130] 数据集，与对应的先进方法进行对比；最后将本章方法应用至第2～5章算法，提升实时场景语义解析算法性能。

6.5.1 实验设置

实验中始终使用最简单朴素的数据处理方法和训练策略，以便从本质上展示所提出 DR-Block 的有效性，并公平地与其他方法作对比。其中，在 CIFAR-10/100 数据集[164]上，本节应用了标准的数据处理方式[1]：即将图像大小补零到 40×40，随机剪裁到 32×32，以及随机水平翻转。在 ImageNet[130] 数据集上，使用了随机剪裁和随机翻转方式进行数据增强。所有实验都是在相同环境下进行的，显卡为 NVIDIA Tesla V100，软件环境为 PyTorch 1.10，CUDA 11.3，CuDNN 8.2。所有实验都使用动量系数为 0.9 的标准 SGD 优化器。不同网络结构在不同数据集上的超参数配置不同，故 DR-Block 实验设置总结如表6.2。值得注意的是，由于 CIFAR-10/100 数据集[164]图像尺寸较小，因此在训练 ResNet 和 RepVGG 网络时，实验中对每个阶段卷积步长进行了处理，具体可见表6.2。

表 6.2　DR-Block 实验设置表

实验类别	数据集	模　　型		批大小	训练次数	学习率策略		权重衰减系数
		名称	每阶段步长			策略	超参数	
消融实验 &先进性验证实验	CIFAR10/100	ResNet	[1,1,2,2,2]	128	200	Step	LR:0.1 Milestones: [60, 120, 160]	5e−4
		VGG	[1,2,2,2,2]					
		RepVGG	[1,2,2,2,2]					
先进性验证实验	ImageNet	ResNet	[2,2,2,2,2]	256	120	Cosine	LR: 0.1	1e−4
		RepVGG	[2,2,2,2,2]					

6.5.2 消融实验

本节设计了一系列实验，通过将基准架构中对应模块替换为 DR-Block，并在 DR-Block 中依次消融设计要素，来揭示 DR-Block 设计过程中每一步的意义与重要性。为了增强实验的完备性和说服力，本节的实验中选择了三种典型的网络模型：即浅层网络 ResNet-18、深层网络 ResNet-50 和极深网络 ResNet-101。表6.3～表6.5显示了消融研究的结果，进一步分析如下。

表 6.3　DR-Block 在 CIFAR-100 数据集上的实验结果

网 络 模 型	ResNet-18	ResNet-50	Resnet-101
w/o DR-Block (原始模型)	74.01	77.40	77.88

续表

网 络 模 型		ResNet-18	ResNet-50	Resnet-101
w DR-Block	w/o SC	73.86	74.81	71.33
	w/o BN	72.99	74.65	72.82
	w SC+BN	**76.72**	**78.47**	**79.23**

表 6.4 不同DR-Block深度对网络推理阶段权重奇异值分布的消融实验结果

(RT, RL)	DR-Block 深度 (N)					
	1 (原始模型)	2	3	5 (本章方法)	9	17
ResNet-18	51.85, 45.24	54.33, 65.03	55.79, 65.83	**56.81, 67.42**	58.89, 66.61	<u>60.02</u>, 66.86
ResNet-50	52.96, 41.66	55.12, 51.41	56.29, 54.21	**58.13, 56.21**	59.92, <u>58.81</u>	<u>69.01</u>, 55.86
ResNet-101	60.94, 36.88	66.24, 45.77	67.86, 46.93	**70.20, 52.69**	<u>76.57</u>, 47.92	62.20, 51.83

表 6.5 BN和稠密连接对网络推理阶段权重奇异值分布的消融实验结果

(RT, RL)	DR-Block 深度 (N)		$N = 5$	
	1 (原始模型)	5 (本章方法)	w/o BN	w/o SC
ResNet-18	51.85, 45.24	**56.81, 67.42**	43.31↓, 51.52↓	73.55↑, 50.49↓
ResNet-50	52.96, 41.66	**58.13, 56.21**	46.93↓, 45.56↓	75.70↑, 52.11↓
ResNet-101	60.94, 36.88	**70.20, 52.69**	51.65↓, 53.42↑	87.22↑, 47.93↓

（1）网络性能随着DR-Block深度加深而不断提升。

通过选择几个DR-Block的深度（N）来验证深度矩阵分解式结构对不同深度的网络的影响。图6.8显示了矩阵分解深度N对网络性能的影响，该图绘制了深度N与准确率和训练时间的关系，图中圆圈大小代表训练时间。需要注意的是，$N = 1$代表原始网络。

结合表6.4和图6.8的结果，可以得到以下发现。

①与原始模型相比，随着DR-Block深度加深，网络精度逐渐提高。然而，在$N > 5$之后，准确率的提升趋势逐渐平缓，而训练时间却急剧增加，如图6.8所示。

②在表6.4中，RT几乎随着N的增加而增加，而RL在$N > 5$后基本达到饱和，表明深度矩阵分解式结构的正则化作用随着因子矩阵数量的增加而加强。

③表6.4中，下画线的数字表示所有深度中每个指标的最大值，达到最佳平衡性能的是$N = 5$的网络（如表中粗体表示结果）。

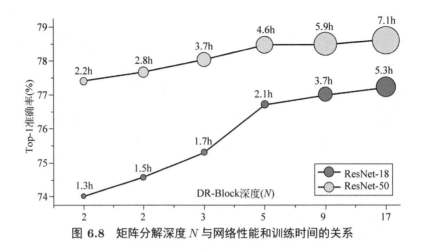

图 6.8　矩阵分解深度 N 与网络性能和训练时间的关系

以上发现表明，随着 N 的增加，DR-Block 的隐式正则化效应越来越强，对网络的提升效果也越来越明显。但与此同时，稠密连接带来的多分支结构设计也使 DR-Block 以 $O(N^2)$ 的速度增长，这增加了训练难度和训练时间。这就需要在结构设计中权衡准确度和训练成本，所以在本章研究中，设定 $N = 5$。

（2）BN 能够保证网络可训练性并加强隐式正则化效应。

除了对奇异值分布的统计外，实验中还通过跟踪每个模型在训练过程中的验证损失来说明网络的可训练性，如图 6.9 所示。

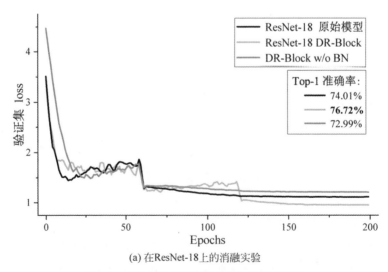

(a) 在 ResNet-18 上的消融实验

图 6.9　BN 对网络验证集损失曲线的影响

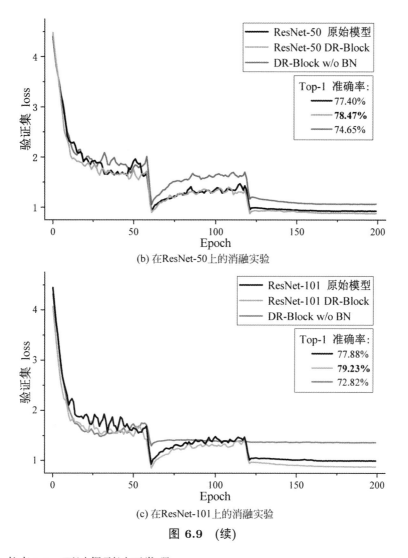

(b) 在ResNet-50上的消融实验

(c) 在ResNet-101上的消融实验

图 6.9　(续)

参考表6.5，可以得到以下发现。

① 就准确率而言，不含BN的DR-Block重新构建的网络性能严重下降，甚至低于ResNet-18的性能，且随着网络加深，性能下降的程度也越来越严重。

② 根据训练曲线显示，不含BN的DR-Block重新构建的网络，其损失曲线在多次迭代（>60）后放缓甚至停止，而添加BN层的对应网络能够随着训练的进行继续优化。

③ 结合表6.5结果，不含BN的DR-Block重新构建的网络，其推理阶段的权重

矩阵的极大奇异值和极小奇异值比例几乎都减少了（除了 ResNet-101 中的极小奇异值 (RT)，它略有增加，但没有什么影响）。而 DR-Block 中 BN 的存在显然扩大了小奇异值和大奇异值之间的差距。这表明了 BN 对 DR-Block 的隐式正则化有促进作用。

事实上，在训练阶段，DR-Block 使原始网络深度增加了 $N-1$ 倍，网络的可训练性问题变得更加突出。通过归一化的作用，BN 可以缓解梯度消失和爆炸的问题，而且 BN 在训练过程中带来的非线性和隐式正则化效应可以提高网络训练的动态性和模型性能。此外，BN 还可以合并到卷积中进行推理。因此，BN 在所提出的 DR-Block 中起着举足轻重的作用。

（3）稠密连接能够缓解网络奇异性。

为了直观地验证 DR-Block 的正则化效应和稠密跳跃连接对网络奇异性的缓解效应，本节分析了准确性和推理时间权重分布之间的关系，以补充奇异值分布所描述的结果，如图 6.10 所示。通过统计训练权重大小的分布，来说明网络的低秩性和奇异性。值得注意的是，为了同时考虑 BN 对于权重的等效缩放作用，此实验所统计的权重全部将 Conv 与 BN 进行了融合。图中实线是对应结构重参数化后的等效权重的统计结果，而虚线是未经过重参数化等效变换的。

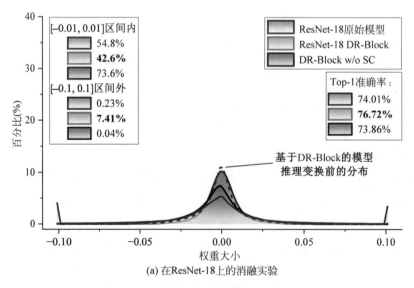

(a) 在 ResNet-18 上的消融实验

图 6.10　稠密连接对网络权重分布的影响

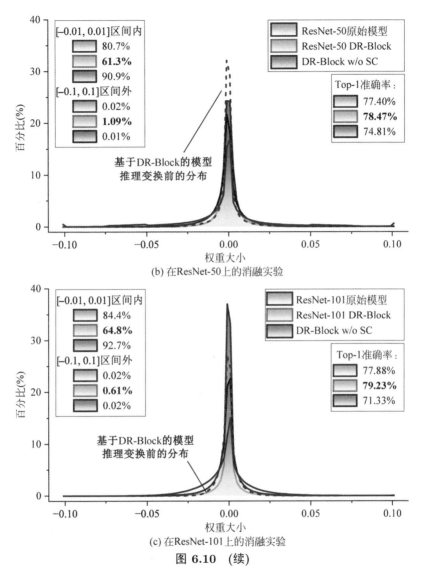

(b) 在ResNet-50上的消融实验

(c) 在ResNet-101上的消融实验

图 6.10 （续）

　　具体地，本实验计算了趋于0的权重的数量（在±0.01以内）和大权重的数量（绝对值>0.1）。当更多的权重接近于0时，网络则比较稀疏。趋于0的权重数量越多代表网络的稀疏性越强，合适的稀疏性代表网络能够稳定提取特征，摒弃噪声干扰，但过强的稀疏性意味着网络冗余度过大，导致大量参数失效从而引起网络退化。而大权重数量则代表网络提取重要性特征的能力，大权重越多，网络的鲁棒性越强。实验中权重分布在对应权重区间中占比最优的结果如图6.10中的加粗文字所示。

结合图6.10、表6.3～表6.5的结果，可总结如下。

①随着网络加深，网络中接近于0的权重数量逐渐增加(如图6.10所示)，同时极小奇异值的比例也在同步上升(如表6.4所示)，这表明网络在随着网络变深而表现出逐步退化的趋势。

②表6.5中没有跳跃连接的网络的RT增加，RL减少，表明没有跳跃连接的深度矩阵分解式结构的正则化效应增强了网络权重的奇异性。这种增强趋势在对稠密连接的消融实验图中表现为网络权重分布更加趋向于0，同时网络精度在逐渐下降。

③带有跳跃连接的DR-Block改善了权重分布并提高了精度。这表现在表6.5中，RL的增加和RT的减少，这说明跳跃连接的增加能够避免权重有效维度的下降，并缓解网络的奇异性。

④为了进一步探索跳跃连接的影响，本节绘制了DR-Block转换为推理结构之前的权重分布图，如图6.10中的虚线所示。显然，与原始的网络相比，DR-Block能够促使网络的学习权重更集中于0，但在不同的深度，其趋势与没有跳跃连接的权重分布趋势不同。这说明了跳跃连接对网络的权重分布进行了调整，从而对DR-Block所带来的隐式正则化效应起到调节作用。

总而言之，本节消融实验揭示了DR-Block向给定网络引入了一种平衡的隐式正则化机制，在增强大奇异值方向的学习的同时平衡小奇异值方向的学习，从而在引入额外隐式正则化效应、提高网络泛化能力的同时，缓解了随着网络加深而产生的网络退化问题。

6.5.3 先进性验证实验

本节首先在CIFAR-10/100[164]数据集上与现有先进重参数化方法进行对比，从机理上说明DR-Block的优越性。具体而言，本节通过绘制结构重参数化网络训练时的2D损失曲面[165]（2D loss landscape），将DR-Block和两种代表性的重参数化工作（RepVGG，DBB）进行对比。在后文所绘制的2D损失曲面中，损失等高线上的数字代表loss大小，其密度越低、圈越大越圆润，代表网络在受到分布、噪声等干扰时的稳定性越强，说明网络的鲁棒性和泛化能力越强。除几乎以图像中心为圆心的圆圈外，有其他圆圈（或有形成圆圈的趋势）意味着可能存在局部极值点，导致网络难以训练，严重时导致网络退化。随后将实验扩展至ImageNet图像分类任务，并与现有方法进行对比。

1. 在VGG式网络上与RepVGG的对比实验

图6.11展示了DR-Block与RepVGG在VGG式模型上的2D损失函数曲面可视化对比结果。可以看到使用普通卷积的网络的损失曲面即便在VGG-16中也存在一定的奇异点，而随着网络加深，原始网络所呈现的更密集的等高线和更多的局部极值点说明了网络的奇异性呈增强趋势，而泛化能力呈减弱趋势。而重参数化方法RepVGG在一定程度上改善了网络的性能，但没有完全消除深层网络的奇异性。相比之下，DR-Block在两种网络上的表现都很好，没有局部极值点，且损失轮廓密度最低。这充分验证了DR-Block在VGG式网络中所表现的先进性和优越性。

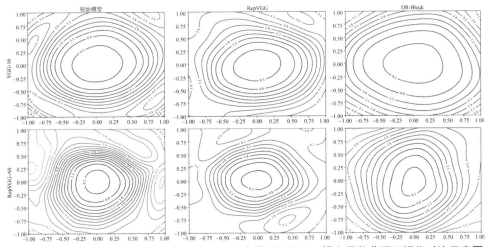

图 6.11　DR-Block与RepVGG在VGG式模型上的2D损失函数曲面可视化对比示意图

2. 在ResNet系列网络上与DBB的对比实验

图6.12显示了DR-Block与DBB在ResNet系列模型上的2D损失函数曲面可视化对比结果。由于ResNet的设计本身就致力于避免网络退化问题，所以每个网络的损失面都比较平滑。因此DR-Block和DBB在浅层网络中并没有表现出明显的优势。然而当网络加深时，损失等高线的密度逐渐增加，且密度由低到高排序为DR-Block<DBB<vanilla conv（原始卷积）。

综合上述比较结果，可以得出结论：DR-Block对给定网络的本质优化能力优于 RepVGG 和 DBB。

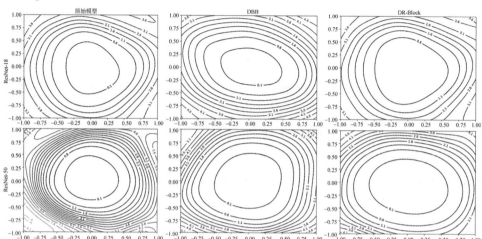

图 6.12　DR-Block 与 DBB 在 ResNet 系列模型上的 2D 损失函数曲面可视化对比示意图

3. 在 ImageNet 数据集上与先进方法的对比实验

将 DR-Block 和现有先进结构重参数化模块应用于各种经典和最先进的架构，其在 ImageNet[130] 数据集上的对比结果见表6.6。其中 * 表示本节在原方法设置下自己的实现，† 所标注的准确率增长是相对于 RepVGG 网络而言的。由表中结果可以看出，在 ImageNet 数据集上，DR-Block 的表现优于 ACNet、DBB、RepVGG 及最新的 OREPA[166] 等代表性重参数化方法，甚至比基于神经网络架构搜索的 DyRep 方法效果更好。值得注意的是，在非常深的网络（ResNet-101）中，ACNet 和 DBB 对给定网络的提升效果都有所下降，而 DR-Block 仍能保持较高的提升效应。与 RepVGG 在深度 VGG 式架构上的比较也表明，DR-Block 更具优越性。

表 6.6　DR-Block 与现有先进结构重参数化方法在 ImageNet 数据集上的对比

给定模型	原始模型	ACNet[64]	DBB[66]	DyRep[68]	OREPA[166]	DR-Block	准确率↑
AlexNet	57.23	58.43	59.19	—	—	**61.80**	4.57
MobileNet	71.89	72.14	72.88	72.96	—	**73.12**	1.23
ResNet-18	69.54	70.53	70.99	71.58	72.13	**72.72**	3.18
ResNet-50	76.14	76.46	76.71	77.08	77.31	**77.55**	1.41
ResNet-101	77.59*	77.97*	78.01*	—	78.29	**78.41**	0.82
给定模型	原始模型	RepVGG[65]	—	—	OREPA[166]	DR-Block	准确率↑
RepVGG-A0	—	72.41	—	—	73.04	**73.06**	0.65†
RepVGG-B0	—	75.14	—	—	—	**75.45**	0.31†

6.5.4 在场景语义解析任务上的验证实验

为证明本章方法对场景语义解析算法性能的提升能力，本节将DR-Block应用于本书前述方法并在Cityscapes测试集上进行了性能评测。DR-Block对本书前述场景语义解析方法HoloParser（第2章）、NDNet（第3章）、FDLNet（第4章）以及MPLSeg（第5章）的性能提升效果见表6.7。

表 6.7 DR-Block在本书前述场景语义解析方法的性能提升效果

对 应 章 节	方 法 名 称	原始模型准确率（mIoU）	应用DR-Block后的准确率（mIoU）
第2章	HoloParser-18	76.5	76.9（0.4%↑）
	HoloParser-34	77.3	78.3（1.0%↑）
第3章	NDNet-18	76.5	77.9（1.4%↑）
	NDNet-34	78.8	79.6 （0.8%↑）
	NDNet-DF1	75.3	76.8 （1.3%↑）
	NDNet-DF2	77.0	78.1 （1.1%↑）
第4章	FDLNet-18	76.3	77.3 （1.0%↑）
	FDLNet-101	79.0	79.3（0.3%↑）
第5章	MPLSeg-18	78.1	78.9（0.8%↑）
	MPLSeg-101	82.6	82.8（0.6%↑）

可见，DR-Block大幅提升了本书前述场景语义解析算法的准确率。除此以外，由于DR-Block进行了Conv-BN线性组合的融合，应用DR-Block后的语义解析算法推理效率更高。这证明了DR-Block对视觉任务模型的提升能力，验证了通过网络结构重参数化方法为网络模型引入隐式正则化效应，从而改善网络训练动态并提升模型泛化能力的思想的有效性和优越性。

6.6 本章小结

本章通过引入额外的隐式正则化效应来提高深度卷积神经网络的泛化能力。本章提出了一种基于深度矩阵分解的稠密重参数化算法（DR-Block），在训练时将原模型卷积替换为DR-Block，从而引入额外的隐式正则化效应；而在推理时，由于该结构由纯线性算子组成，因而可以等效地转换为单一的卷积进行推理，从而在不影响原推理结构的前提下，实现模型性能提升。本章通过对推理阶段网络权重分布及其奇异值分布的研究与分析，揭示并验证了DR-Block有效性的内在机理，为研究人员理解深度卷积神经网络训练动态及其泛化能力提供了启发。实验证明，DR-Block能够向给定网络引入一种平衡的隐式正则化机制，即在增强大奇异值方向学习的同时对抗小奇异值方向学习的衰减，从而在引入额外的隐式正则化效应的同时，极大程度上缓解了网络退化问题。对比实验表明，与现有结构重参数化方法相比，DR-Block具有良好的有效性和优越性。将本章方法应用于本书前述算法，亦起到了良好的性能提升作用，进一步论证了本章方法的普适性和灵活性。然而，本章中算法关键参数仍为人工经验设定，无法保证其最优性能，未来仍可通过适当的参数搜索方法，如NAS方法，获取更好参数设定与更优的重参数化结构。

第7章

典型应用案例

本书研究的最终目的是实现场景语义解析算法在自主智能系统中的准确、实时、稳定、鲁棒、灵活应用。鉴于自主智能系统常运行于算力资源受限的终端设备，本章首先给出面向不同硬件条件自主智能系统的算法构建方法与部署策略；然后从四种不同场景的典型自主智能系统应用案例出发：结构化静态环境下航空复材消声蜂窝自动化制备系统（工业机械臂）、半结构化对抗场景下RoboCup仿人机器人视觉系统（智能机器人）、复杂交互环境下智慧工厂安全监管与人员行为识别系统（图像处理终端）、高动态开放场景下的自动驾驶系统（自动驾驶汽车），分别介绍对应场景的语义解析需求、本书算法应用与测试情况，以及取得的进展与成果。

7.1 部署策略与方案

深度网络及其下游任务的实际应用离不开在实体设备上的实际部署。目前大多数部署方法都依赖于开源框架，如PyTorch、TensorFlow、Caffe等，但这些框架往往并不适合直接应用于自主智能系统的场景语义解析任务。其主要原因有两个：首先，这些开源平台通常不考虑目标平台的硬件特性；其次，为了与各种网络模型兼容，这些开源平台设计了极高的代码冗余度，从而带来了不必要的计算成本，导致了实时性能的下降。

为了挖掘不同深度网络模型参数在典型CPU、GPU硬件设备上的计算效率，本节定义如式(7.1)所示的"计算密度"（calculation density, CD）来衡量某一特定卷积配置在特定硬件上的计算效率，其单位是TFLOPs/s。该指标的物理意义是：

该硬件设备在当前网络配置下单位时间内可承受的最大计算量。

$$计算密度 = \frac{计算量\,(\text{GFLOPs})}{计算时间\,(\text{ms})} \tag{7.1}$$

鉴于CPU往往受限于并行计算能力，而GPU更受限于计算量的特点，本节针对常见的嵌入式、桌面级、服务器级CPU/GPU设备，给出了相应的深度网络模型设计方法与部署策略。

7.1.1 特定硬件下的深度网络模型设计

1. CPU下深度网络模型设计

CPU具有主频高、核心少的特点。本节以主流CPU（Intel I7-11700）为例，分别计算了在相同通道数和相同特征图大小条件下，不同配置的卷积核在该CPU上的计算密度，如图7.1所示，其中dw表示深度可分离卷积。

可得以下结论。

（1）CPU上普通卷积的计算效率要远高于对应的深度可分离卷积；

（2）卷积核的计算密度随核尺寸的增大而增大；

（3）计算密度随输入特征图尺寸的增大而增大；

（4）在小特征图、中等以上通道数的情况下（即网络的深层阶段），3×3卷积的计算密度更有优势。

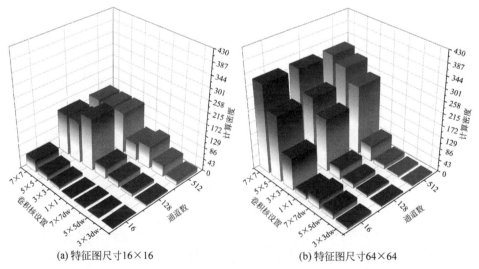

(a) 特征图尺寸16×16　　　　　　(b) 特征图尺寸64×64

图 7.1 CPU上不同卷积核配置在不同尺寸特征图上的计算密度对比图

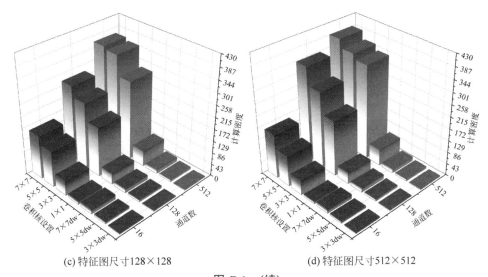

(c) 特征图尺寸128×128   (d) 特征图尺寸512×512

图 7.1 (续)

在实时系统中，深度网络模型更关注消耗同样成本（计算量）时如何获取最大收益（网络深度、宽度等）。因此，本节计算了在相同计算量下，各卷积核在不同配置和特征图尺寸上的计算密度，详见图7.2。除图7.1所得结论外，还可知：

（1）各卷积核在中等特征图尺寸（64×64）上获得了最大的计算密度；

（2）特征图尺寸越小，各卷积核计算密度的差异越小。

关于深度可分离卷积在提高推理效率上的作用，本节计算了相同感受野下普通卷积与深度可分离卷积的推理时间，对比结果如表7.1所示。由该表可知以下两点。

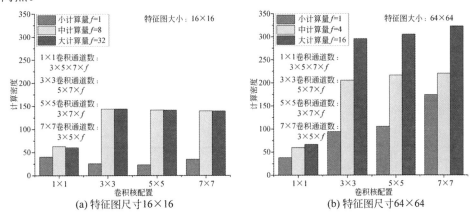

(a) 特征图尺寸16×16   (b) 特征图尺寸64×64

图 7.2 计算量相同时不同卷积核配置在CPU上的计算密度对比图

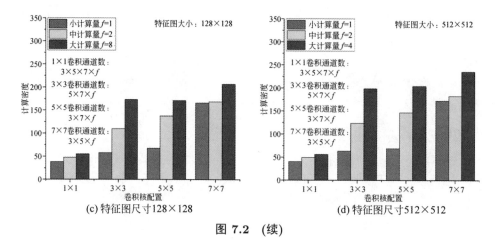

图 7.2 （续）

（1）深度可分离卷积对推理时间的提升随通道数的增多而明显增大。在通道数很少时，深度可分离卷积由于计算时的多分支结构，反而不如普通卷积高效。

（2）除网络深层阶段，深度可分离卷积对推理速度的提升并不显著。考虑到深度可分离卷积在特征提取上较普通卷积的差距，深度可分离卷积应用在CPU上的性价比并不高。

表 7.1　CPU上相同感受野下卷积与深度可分离卷积的推理时间对比

推理时间/ms （卷积，深度可分离卷积）		通　道　数		
		16	128	512
特征图尺寸	16×16	(**0.056**, 0.099)	(0.199, **0.178**)	(4.221, **1.197**)
	64×64	(**0.106**, 0.149)	(3.321, **3.122**)	(38.19, **24.03**)
	128×128	(**0.825**, 1.079)	(13.51, **11.57**)	(130.68, **96.53**)
	512×512	(**13.18**, 19.71)	(190.19, **169.78**)	(1806.2, **1525.6**)

综合以上分析，本节给出CPU上深度网络模型的设计原则。

（1）在网络的浅层阶段，可使用大卷积核、小通道数，以快速扩大感受野。避免使用连续小卷积核造成的计算效率下降。

（2）对于高分辨率输入，应尽快降维至中等尺寸，以消除冗余并充分利用卷积核高计算密度特性。避免在大尺度图像上过多使用卷积。

（3）在网络中间阶段，应增加网络宽度，以提取更为丰富的特征。避免在中间阶段设计过深的结构。

（4）在网络深层阶段，应控制网络宽度而加深网络深度，从而获取更高级的特征。避免在网络深层设计过宽的网络结构。

（5）不推荐使用深度可分离卷积。若CPU计算能力过于受限或对实时性要求极高，可考虑在网络深层使用。

（6）减少1×1卷积的使用。

2. GPU下深度网络模型设计

GPU具有多核并行计算的优势。鉴于桌面级/服务器级GPU和嵌入式/边缘GPU在核心数量和主频高低上的巨大差距，本节对服务器级GPU（NVIDIA Tesla V100）和边缘GPU（NVIDIA Jetson NX）分别进行讨论。

1）服务器级GPU下深度网络模型设计

与GPU下深度网络模型设计中的对比实验相同，图7.3绘制了服务器级GPU上不同卷积核配置在不同尺寸特征图上的计算密度；图7.4绘制了计算量相同时典型卷积核配置在服务器级GPU上的计算密度；表7.2给出了相同感受野下普通卷积与深度可分离卷积的推理时间对比结果。

相比于CPU，各卷积核在服务器级GPU上的表现凸显以下特点。

（1）3×3卷积的计算效率最高。在深度可分离卷积中，3×3卷积核亦获得最大计算密度。

（2）深度可分离卷积的加速效果明显。

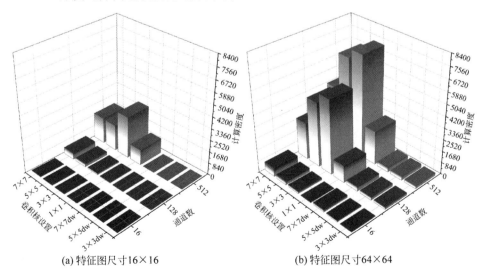

(a) 特征图尺寸16×16　　　　(b) 特征图尺寸64×64

图 7.3　服务器级 GPU 上不同卷积核配置在不同尺寸特征图上的计算密度

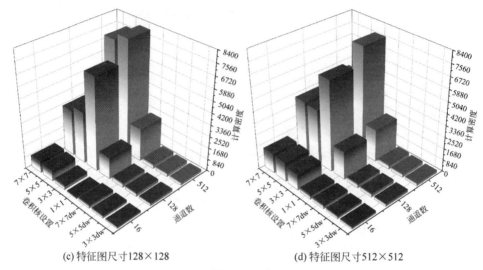

(c) 特征图尺寸128×128   (d) 特征图尺寸512×512

图 7.3　(续)

表 7.2　相同感受野下普通卷积与深度可分离卷积的推理时间对比

推理时间/ms （卷积，深度可分离卷积）		通　道　数		
		16	128	512
特征图尺寸	16×16	(**0.074**, 0.081)	(0.433, **0.104**)	(0.182, **0.087**)
	64×64	(**0.055**, 0.081)	(0.131, **0.082**)	(1.455, **0.549**)
	128×128	(0.108, **0.081**)	(0.738, **0.271**)	(5.096, **2.204**)
	512×512	(0.54, **0.378**)	(6.083, **3.561**)	(82.49, **35.91**)

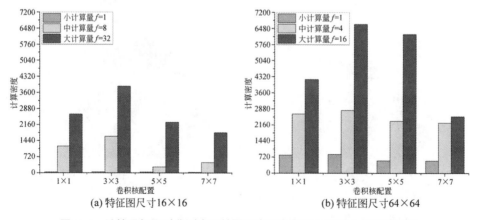

(a) 特征图尺寸16×16   (b) 特征图尺寸64×64

图 7.4　计算量相同时典型卷积核配置在服务器级GPU上的计算密度

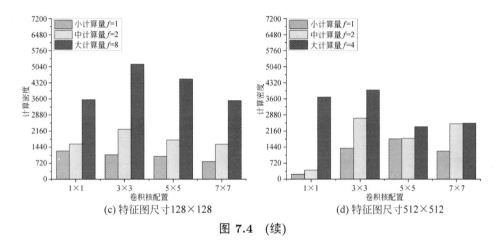

(c) 特征图尺寸128×128

(d) 特征图尺寸512×512

图 7.4 （续）

由此，本节给出在服务器级GPU下的深度网络模型设计原则。

（1）在整个模型中尽量使用3×3卷积核，避免使用大卷积核。

（2）宜在网络中间阶段加深加宽网络。而在网络深层，则应控制网络深度，不可太深。

（3）为提升实时性，可考虑使用深度可分离卷积代替普通卷积。

2）边缘GPU下深度网络模型设计

本节中，图7.5绘制了边缘GPU上不同卷积核配置在不同尺寸特征图上的计算密度；图7.6绘制了相同计算量下各卷积核在不同配置和特征图尺寸上的计算密度；表7.3给出了相同感受野下普通卷积与深度可分离卷积的推理时间对比结果。

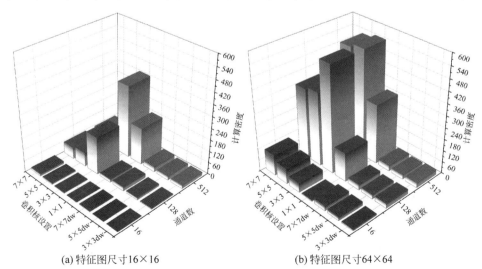

(a) 特征图尺寸16×16

(b) 特征图尺寸64×64

图 7.5 边缘GPU上不同卷积核配置在不同尺寸特征图上的计算密度

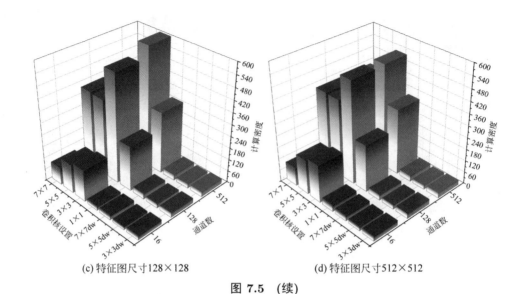

(c) 特征图尺寸128×128　　　　　　　(d) 特征图尺寸512×512

图 7.5 （续）

表 7.3 相同感受野下普通卷积与深度可分离卷积的推理时间对比

推理时间/ms（卷积，深度可分离卷积）		通　道　数		
		16	128	512
特征图尺寸	16×16	(**0.173**, 0.251)	(**0.277**, 0.335)	(2.345, **0.388**)
	64×64	(**0.186**, 0.364)	(1.102, **0.761**)	(16.8, **3.956**)
	128×128	(0.262, **0.637**)	(4.323, **1.834**)	(71.23, **15.93**)
	512×512	(3.099, **2.92**)	(77.55, **29.09**)	(1210.4, **266.43**)

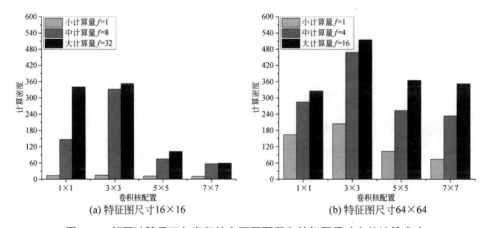

(a) 特征图尺寸16×16　　　　　　　(b) 特征图尺寸64×64

图 7.6 相同计算量下各卷积核在不同配置和特征图尺寸上的计算密度

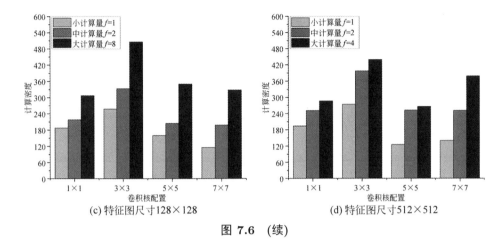

图 7.6　（续）

相比于服务器级 GPU，在边缘 GPU 上深度卷积神经网络的设计原则如下。

（1）由于 3×3 卷积的计算密度最高，网络中应尽量使用 3×3 卷积核。

（2）深度可分离卷积在网络浅层（即大尺度特征图）加速效果明显，而在深层加速效果一般。因此，可在输入预处理阶段使用深度可分离卷积，而在网络深层仍使用普通卷积。

（3）宜在网络中间阶段加深网络深度；而在网络深层，则应扩大网络宽度，即增加通道数。

7.1.2　特定硬件平台下的部署策略

在实际应用中，可首先按照 7.1.1 节所提出的设计原则进行模型构建，而后再针对特定硬件平台选择合适的部署策略。根据硬件平台的架构属性不同，本节分别针对 CPU、NVIDIA GPU，以及其他 GPU/NPU 平台给出部署策略。

1. CPU 架构上的部署策略

深度网络模型在 CPU 上的部署主要包括以下策略。

（1）应用深度网络加速工具。

① 使用 OpenCV 中的 DNN 模块，利用其内置的网络权重转换与寄存器优化机制，加速网络计算流程。

② 使用 OpenVINO 平台，利用其 Intel 架构优化算法和并行计算能力，大幅提高深度网络模型 Intel 系列 CPU 的计算效率。

（2）重新构建原生模型。

①充分利用单指令多数据流（SIMD）操作，通过对寄存器的最优化利用来提升计算效率。重构模型时可使用SSE指令集或ASMJIT集成指令集，以寄存器为操作对象，重构网络层。

②发挥多核计算能力，动态分配多线程并行运算。使用OpenMP编程工具，向CPU各个核心分配网络层计算任务（尤其是循环指令）。

2. NVIDIA GPU架构上的部署策略

在NVIDIA GPU架构上的部署较为简单，可直接使用官方提供的TensorRT加速工具，在目标平台上将模型序列化为TensorRT引擎以实现网络推理加速。

3. 其他GPU/NPU架构上的部署策略

其他GPU/NPU指非NVIDIA系列GPU、NVIDIA系列不支持CUDA计算库的GPU，及各厂商生产的NPU，其部署策略如下。

（1）针对Intel系列GPU，可使用如7.1.2所述的OpenVINO工具进行Intel系列间的跨硬件平台协作加速。

（2）针对非Intel系列GPU，可使用OpenCL进行异构系统并行编程，从而同时充分利用CPU和GPU的并行协作计算能力。

（3）针对各类NPU，可用ONNX作为中间件，首先将训练模型导出为ONNX格式，再用ONNX-Simplifier进行计算图优化，最后依赖于各NPU厂商提供的转换工具或框架，将ONNX模型转换为能在其硬件上运行的推理模型。

7.2　结构化静态航空消声蜂窝精准定位

航空航天设备及其零配件呈现大型化、高速化趋势，为降低航空航天设备及其零配件的重量，提高航空航天装配飞行速度，同时减少能源消耗，设计并制造质量轻、硬度高、特性好的新型材料刻不容缓、势在必行。航空航天装备在工作期间易产生大量噪声，因而对隔音、吸音材料需求与日俱增。复材消声蜂窝受蜂巢启发而制造，其内部被分隔成类似蜂窝结构的众多封闭小室，可通过在其内部植入消声帽来起到阻止空气流动，使声波传递受阻的作用，从而实现吸音降噪的功能，具有广泛应用前景。

目前消声蜂窝制备仍依靠人工完成，不仅极大程度上制约了生产效率，还可能因工人的操作失误、主观情绪等因素导致成品质量下降，甚至危及设备安全。通过视觉感知引导机器人自主操作成为了实现高质量、高效率消声蜂窝制备的必要手段与急迫需求，航空复材消声蜂窝自动化制备系统如图7.7所示。

图 7.7 航空复材消声蜂窝自动化制备系统

7.2.1 任务描述

航空复材消声蜂窝自动化制备系统中的场景语义解析任务是进行高精度蜂窝孔识别定位，图7.8展示了该系统场景语义解析类别示意图。具体而言，该系统要求摄像头能够实时对蜂窝板材拍照、自动检测待加工蜂窝孔、准确计算蜂窝孔中心坐标并生成位置阵列，从而将位置反馈至机器人控制器，引导机器人运动。该任务的主要难点在于以下几点。

（1）精确识别蜂窝孔几何中心。待加工蜂窝结构为不完全规则正六边形结构，为保证设备安全与制备精度，需准确识别蜂窝孔区域并计算几何中心位置，且需要同时适应平面蜂窝板和弧面蜂窝板两种蜂窝型材的识别与定位。

（2）实时动态更新位置。每次操作后蜂窝位置可能改变，且机器人操作速度极快，因此对识别速度要求极高。

（3）抗噪声、抗干扰。要求能够识别代加工蜂窝孔和已加工蜂窝孔，并排除无关背景（如胶丝、消声帽材料碎屑、蜂窝板以外区域等）的影响。

（4）该任务要求能够动态适应边长为3~8mm大小的蜂窝孔，视觉感知定位精度优于0.2mm，识别速度优于50ms/帧。

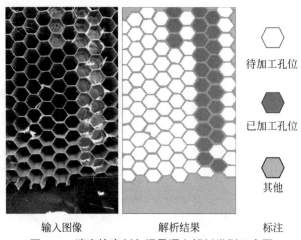

输入图像　　　　　　　解析结果　　　　　标注

待加工孔位

已加工孔位

其他

图 7.8　消声蜂窝制备场景语义解析类别示意图

7.2.2　算法实施

运行航空消声蜂窝精准感知与定位算法的主机包括一颗 Intel Core I5 CPU 和一颗集成 Intel UHD 显卡。利用本书所提出的算法，本节为航空消声蜂窝精准感知与定位系统设计的深度网络模型示意图如图 7.9 所示，其中在网络构建模块的选择上考虑如下。

（1）在网络输入预处理阶段，考虑到蜂窝孔识别任务对边界准确性的极高要求，且由于待解析场景高度结构化、蜂窝孔极其规则化，无必要进行像素间长距离依赖建模，因此本节模型选用了运算速度快、信息损失小的基于无步长快速降采样的结构信息留存策略（2.2 节）。

（2）在网络稠密特征提取阶段，考虑到模型对不同尺寸、不同视角蜂窝的适应性要求，本节使用时延小、资源开销少、多尺度特征提取效率高的空间多尺度特征提取方法（3.4 节）。

（3）在高分辨率语义输出阶段，考虑到分割结果对区域准确性和抗干扰能力的要求（例如液拉丝、材料碎屑、背景变化等），本节选用具有区域/边缘一致、鲁棒性特征提取能力的频域下全局结构表征方法（4.3 节）。

（4）在后处理阶段，面向实际加工需求，本节首先对语义解析结果进行形态学处理与几何中心计算，获取蜂窝孔中心图像坐标；然后根据手-眼标定结果，将图像坐标变换至机器人坐标，从而引导机器人完成植入动作。

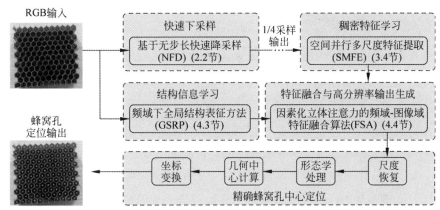

图 7.9　航空消声蜂窝精准感知与定位系统场景语义解析网络模型示意图

网络模型中各模块详细参数配置如表7.4所示,根据7.1.1节所述的深度网络模型设计原则,在各模块参数配置上的考虑如下:

(1) 在网络浅层,配置小通道数（16个通道）,并利用无步长快速降采样策略（$N=2$）快速降维至1/4尺度。

(2) 在网络中层,快速增大网络宽度（每阶段增大2倍通道数）,并减少网络深度（通道数越多,网络深度越浅）。即在1/8尺度使用2个稠密特征提取模块将通道数增加至32个,在1/16尺度使用1个稠密特征提取模块将通道数增加至64个,从而保证网络实时性。

(3) 在网络深层,保持网络宽度不变（保持64个通道）而增加网络深度（使用4个稠密特征提取模块）,从而充分提取图像特征。

表 7.4　航空消声蜂窝精准感知与定位系统场景语义解析网络参数配置表

网 络 阶 段	算法及参数	输 出 尺 寸
输入图像	—	$416\times416\times3$
预处理	NFD(N=2,输出通道数16)	$104\times104\times16$
稠密特征提取	SMFE(输出通道数32)×2	$52\times52\times32$
	SMFE(输出通道数64)×1	$26\times26\times64$
	SMFE(输出通道数64)×4	$13\times13\times64$
结构信息学习	GSRP(1/4尺度,输出通道64)	$104\times104\times16$
特征融合与 高分辨率输出	FSA(GSRP,1/16,1/32输出)	416×416

7.2.3　进展与成果

本算法应用于航空工业某研究所科研项目"内嵌消声帽吸声蜂窝自动植入原理样机"。如7.1.2节所述，本算法在工控机上采用OpenCL和OpenMP联合部署策略。本节算法的语义解析与蜂窝孔定位效果如图7.10所示，图中中心两个实心图案表示当前/下一个加工孔位，两个实心图案连成的直线表示加工方向。经过相机标定与机器人手眼标定，本算法最终的定位精度为0.12mm，运行效率为25帧/s（40ms/帧）。整体系统实现了高精度高速率消声蜂窝制备，形成了原理样机一台，实际运行示例见图7.11。最终根据本书算法引导，由机械臂自主制造消声蜂窝的加工过程与最终成品如图7.12所示。

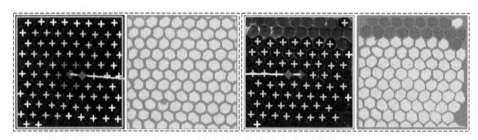

图 7.10　航空消声蜂窝精准定位效果

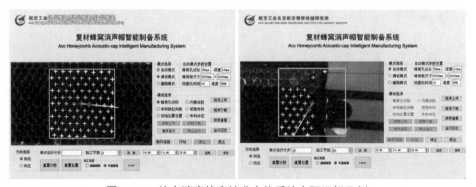

图 7.11　航空消声蜂窝精准定位系统实际运行示例

图7.11展示了消声蜂窝加工过程中不同位置加工情况的场景解析与定位结果，结合机器人最终加工成果，充分验证了本书算法在航空消声蜂窝制备过程中感知与定位的精准度，具体分析如下。

（1）细小边缘清晰准确。蜂窝孔边缘实际厚度为0.15～0.3mm，本书算法能够有效解析蜂窝孔边缘区域，验证了基于无步长快速降采样的结构信息留存策略对于细节信息的保留能力。

（2）多视角下待加工/已加工蜂窝孔分类准确。视野中蜂窝孔随机器人移动而产生视角、尺度变化，本书算法能够有效适应并准确解析待加工/已加工蜂窝孔，验证了空间多尺度特征提取方法在轻量化提取多尺度特征上的实用性。

（3）背景识别准确。本节算法具备应对变化背景与噪声干扰的能力，能够生成连续、准确的语义解析结果，验证了本书频域下全局结构表征方法在提取边缘-区域一致、鲁棒特征上的有效性。

（4）该系统在 Intel CPU（含集成 GPU）上实现了实时运行。本节网络模型在标准 PyTorch[167] 深度网络计算平台上的推理速度为 165ms/帧，经本书所提出的部署策略优化后，运行效率提升至 35ms/帧（加上蜂窝孔定位后处理流程后，总推理时间为 40ms/帧），验证了本书给出的实时语义解析模型在 Intel 系列 CPU/GPU 组合体上的设计原则与部署策略的高效性。

图 7.12　航空消声蜂窝加工过程与成品示例

7.3　半结构化对抗场景下 RoboCup 仿人机器人视觉感知

RoboCup 机器人足球竞赛以人类足球比赛为背景，利用硬件统一的机器人标准平台，通过研发视觉感知、双足行走、特殊动作、自主定位、团队决策等算法，构建全自主智能系统。该任务在比赛中以机器人 5 对 5 团队形式完成足球赛，进球数多者获胜，从而测试和验证相关人工智能算法。图 7.13 展示了 RoboCup 仿人机器人竞赛场景。其视觉系统是整体机器人足球系统的基础，旨在通过场地场景解析，识别场地区域、边线、足球、球门、机器人等必要元素，为自主定位、路径规划、团队配合、动作选择等机器人足球高层决策提供基础信息。

现有 RoboCup 机器人足球视觉算法，大多以人工色彩阈值标定、几何形状拟合（例如直线、圆、椭圆等）、仿射变换求解等传统图像处理方式为基础，无法适应光线变化、动态背景变化、强光、背光与阴影等挑战，难以实现鲁棒准确的足球竞赛视觉解析，严重影响了机器人在对抗时的快速响应与准确决策。

图 7.13　RoboCup 仿人机器人竞赛场景

7.3.1　任务描述

根据机器人足球的竞赛与对抗要求，其视觉场景解析主要在于识别比赛区域并排除背景干扰，识别场地定位标志（如边线、中圈、点球点等），以及识别比赛物体（如球、机器人、障碍物）等。RoboCup 仿人机器人视觉系统通过实时处理来自位于机器人头部的摄像头图像，为机器人自主动作和团队决策提供重要依据，其场景语义解析类别如图7.14所示，其主要面临以下挑战。

（1）动态场景。RoboCup 足球机器人竞赛于室外场地进行，由于天气、观众、室外建筑物和自然景观等的影响，机器人需面对复杂动态变化的场景，包括但不限于：不均匀光照（迎光、背光），阴影，背景变化，光照变化等。因而基于传统图像分析与阈值设定的色彩分割方法及目标检测算法极易造成分割与检测错误，无法良好完成场景语义解析任务。

（2）运动模糊。RoboCup 机器人足球竞赛是典型的对抗场景，机器人要通过尽量快速地移动实现球权控制与有效进攻；与此同时，在与对方机器人拼抢过程中，机器人难免发生碰撞。因此，该任务所处理的图像往往存在运动模糊，图像质量难以保证等问题。

（3）算力受限。RoboCup机器人足球竞赛以软银机器人公司生产的NAO机器人为标准平台，其硬件计算资源为一颗主频为1.91GHz的Intel Atom E3845 CPU（内含一个主频为0.54GHz的Intel HD Bay Trail系列集成显卡），内存4GB。其硬件水平相当于价格在600~800元的手机，算力及存储资源十分有限。

（4）样本不均衡。RoboCup仿人机器人场景中，足球场、机器人的样本数量远多于足球、球门的样本数。并且足球场、边线、足球、球门因竞赛规则规定，颜色、纹理相对固定；而裁判、机器人（穿着各队队服）、背景则动态变化，因此RoboCup仿人机器人场景的样本分布极不均匀。

（5）实时性要求。NAO机器人图像帧率为30Hz，图像分辨率为320×240，要求算法处理效率优于30帧/s。

图 7.14 RoboCup竞赛场景语义解析类别示意图

7.3.2 算法实施

RoboCup所使用的NAO机器人的处理器是包括一颗CPU和集成视频处理单元的Intel架构，主要使用CPU进行深度网络模型计算。利用本书所提出的算法，本节为RoboCup竞赛场景设计的深度网络模型如图7.15所示，其中在网络构建模块的选择上考虑如下。

（1）在网络输入预处理阶段，为了增强细小区域（边线与球）在大背景（场地区域）下的解析效果，同时考虑轻量级计算需求，本节选用局部特征感知与全局依赖构建方法（3.3节）。

（2）在网络稠密特征提取阶段，为了适应对抗场景下运动状态中不同远近与视角的竞赛场景，并尽量减轻资源开销，本节选择带有深度可分离卷积的空间并行多尺度特征提取网络（3.4节）。

（3）在网络高分辨率语义输出阶段，为了满足竞赛场景的多尺度表征需求，同时考虑到CPU的有限计算能力，避免额外计算负担，本节使用操作廉价的联合跨层级语义信息的高分辨率信息恢复与生成方法（2.4节）。

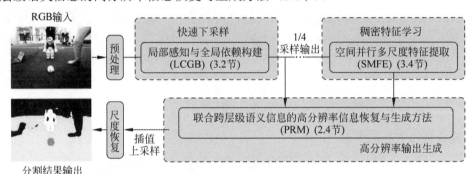

图 7.15　RoboCup竞赛场景语义解析网络模型示意图

RoboCup竞赛场景语义解析网络参数配置如表7.5所示，根据7.1.1节所述的深度网络模型设计原则，并考虑到球、边线等解析内容尺度相对较小、语义层级相对较高且样本相对不均衡等任务特性，本节设置各阶段模块层数随网络加深而增加，从而强化语义信息的提取。

表 7.5　RoboCup竞赛场景语义解析网络参数配置

网 络 阶 段	算 法 及 参 数	输 出 尺 寸
输入图像	—	320×240×3
预处理	LCGB(输出通道数16)	80×60×16
稠密特征提取	SMFE(深度可分离卷积，输出通道数32)×1	20×15×32
	SMFE(深度可分离卷积，输出通道数64)×2	20×15×64
	SMFE(深度可分离卷积，输出通道数64)×3	10×8×64
高分辨率输出	PRM(1/8,1/16,1/32输出)	320×240×4

（1）在网络浅层，配置小通道数（16个通道），快速降维至1/4尺度。

（2）在网络中层，在1/8尺度使用1个稠密特征提取模块将通道数增加至32个，在1/16尺度使用2个稠密特征提取模块将通道数增加至64个。

（3）在网络深层，保持网络宽度不变（保持64个通道）而增加网络深度（使用3个稠密特征提取模块）。

（4）在网络中层至深层阶段，使用深度可分离卷积削减网络计算开销，加速模型推理。

7.3.3 进展与成果

同济大学机器人足球队应用本书算法参加了2019—2024年RoboCup机器人世界杯中国公开赛，并连续五年获得全国冠军。本书算法为机器人视觉和决策系统赋予了稳定、鲁棒、高精度的环境感知能力。部分RoboCup机器人竞赛场景语义解析效果如图7.16所示。如7.1.2节所述，本算法在NAO机器人上采用OpenCV与OpenVINO联合策略部署，平均运行时间为25ms，满足RoboCup仿人机器人竞赛实时性要求。

图 7.16 部分RoboCup竞赛场景语义解析效果

图7.16展示不同光照条件、不同竞赛视角下的场景语义解析效果，验证了本书方法在RoboCup机器人足球竞赛场景下的有效性，具体分析如下。

（1）对场地、边线、球的解析结果，边界基本准确，对阴影和光线变化适应较好，验证了局部特征感知与全局依赖构建方法（3.3节）在保留空间结构细节和构建像素间长距离关联上的有效性。

（2）对远/近处球、机器人、障碍物（主要是场地内人类）的准确识别，验证了空间并行多尺度特征提取网络（3.4节）及联合跨层级语义信息的高分辨率信息恢复与生成方法（2.4节）在构建和表达多尺度表征上的有效性。

（3）在算力极其有限的NAO机器人上实现了实时运行。本节网络模型在标准

PyTorch[167]深度网络计算平台上（本节使用其官方C++库LibTorch）的推理速度为86ms/帧，经OpenCV与OpenVINO联合部署策略优化后，运行效率提升至25ms/帧，满足了该任务的实时运行条件，从而验证了本书所提出的在低算力CPU平台上的模型构建原则与部署策略的有效性。

7.4 复杂交互场景下的安全监管与人员行为识别

安全生产是所有企业应当放在首位的重要环节。针对工厂内施工案件多、范围广，安全监管内容杂、人员流动大、检测任务艰巨等突出问题，现有基于人力巡查的工厂安全监管方式已无法满足企业对效率、成本、安全性、可靠性等多方位复合需求。典型工厂监控场景如图7.17所示。安全监管与人员行为识别任务旨在利用监控摄像头，代替监管人员自动识别、判定、记录各种危险行为，为项目施工安全保驾护航，从而解放了监管人员监察压力，实现施工现场各类危险状态的预防和阻断，最大限度提高安全监控效率和安全管理水平，保障施工人员的安全。

图 7.17 典型工厂监控场景

现有人工智能辅助人员安全检测手段往往偏向两种极端：或因网络模型庞大且算力要求高而只能部署于高性能服务器，不适用于工厂、工地等现场环境；或为了追求运行于轻便可移动式终端设备，而牺牲在复杂交互场景下的识别精度与检测细粒度，安全效率低下，难以满足安全监管需求。

7.4.1 任务描述

安全监管与人员行为识别技术常在多种场景下独立运行于现场边缘侧设备，其语义解析的内容包括以"环境解析"和"人员解析"为主的两个层次。鉴于其工作场景背景复杂多变，人员流动性大、视角随机性高、监管内容多样；同时，便携式移动设备功耗低、算力极其有限，且摄像头成像质量差的特点，该任务主要存在以下检测内容与技术难点。

（1）具有人体交互性的穿戴类检测。如安全帽（或防护帽）、工作服（或反光衣）、手套、口罩、工鞋、防护镜、手持工具等。以上内容的检测必须与人员形成交互，例如：安全帽必须在头上、手套必须在手上、口罩必须位于口鼻处，而位于其他部位则应视为检测无效；手机放在头部才可判定为打电话等。因此，需要对检测到的人体进行语义解析，判断对应头部、面部、四肢、躯干等的位置，以便进行准确的穿戴检测。

（2）具有环境交互性的人员行为识别。鉴于监控摄像与路面相对位置的不确定性，需要确定地面位置及可行域范围。例如，人员摔倒的判定，应首先确定人员是倒在地面上的，然而地面位置与摄像头相对关系并不确定，故不能简单依据图像内相对位置关系进行判断；再如，翻墙、越界等行为的检测，需明确墙体或可行区域范围，而无法通过简单的在图像上限定坐标来判断。因此，需要对监控图像进行场景语义解析，明确场景内物体及区域属性，辅助行为识别算法完成综合评判。

（3）在边缘设备上的高实时性运行要求。一方面，考虑到监控摄像头分布式布置的特点，该系统难以通过"中央服务器-边缘客户端"的方式运行，只能在各个区域对局部摄像头进行处理；出于成本和实体硬件部署难度的考虑，边缘计算设备更为合适。另一方面，许多应用场景要求可移动式的安全监管与人员行为识别系统，即系统与可移动式摄像头绑定，工作于施工现场；在该场景下，只能使用边缘计算设备。

安全监管与人员行为识别任务中"环境解析"和"人员解析"的具体内容如下：① 如图7.18所示的监控场景解析，为应对现实应用中的各种场景，本算法使用COCO-Panoptic[168]数据集训练；② 如图7.19所示的人体解析，考虑到实际应用需求，本算法采用LIP（Look Into Person）[169]数据集进行训练。

图 7.18 监控场景解析

图 7.19   人体解析

7.4.2   算法实施

安全监管与人员行为识别系统部署于边缘计算设备,内含嵌入式NVIDIA Jetson Xavier NX边缘计算芯片,其算力为20 TOPS。为匹配实际报警系统的工作频率(10Hz),要求该系统的运行速度优于10帧/s。利用本书所提出的算法,本节为工厂安全监管与人员行为识别系统设计的深度网络模型如图7.20所示,其中在"场景解析"网络构建模块的选择上考虑如下。

(1)在网络输入预处理阶段,为了快速降低图像冗余度并构建复杂场景像素间长距离关联,本节选用局部特征感知与全局依赖构建方法(3.3节)。

(2)在网络稠密特征提取阶段,为了适应工厂交互场景中多尺度、多形状物体与区域,本节选择空间并行多尺度特征提取网络(3.4节)。

(3)在网络高分辨率语义输出阶段,为了应对光照、纹理、材质复杂多变情况,获取描述边缘和区域的一致、鲁棒特征,并聚合利用多层级语义信息,本书选用频域下全局结构表征方法(4.3节)与基于因素化立体注意力机制的高效特征融合算法(4.4节)。

(4)在网络训练优化过程中,为了增强轻量网络在动态交互环境中的泛化能力,本节使用网络结构稠密重参数化方法(第6章)。

此外,与"场景解析"网络构建类似,本节在"人体解析"网络构建模块的选择上考虑如下。

(1)在网络输入预处理阶段,为了快速降维与像素间长距离关联构建,本节选用局部特征感知与全局依赖构建方法(3.3节)。

(2)在网络稠密特征提取阶段,为了适应待检测人体上的多尺度穿戴物,本节选择空间并行多尺度特征提取网络（3.4节）。

（3）在网络高分辨率语义输出阶段，为了降低模型计算负担，同时考虑到人体解析复杂度相对较低、识别内容相对固定，本节选用联合跨层级语义信息的高分辨率信息恢复与生成方法（2.4节）。

（4）在网络训练优化过程中，同样为了增强模型的泛化能力，本节使用网络结构稠密重参数化方法（第6章）。

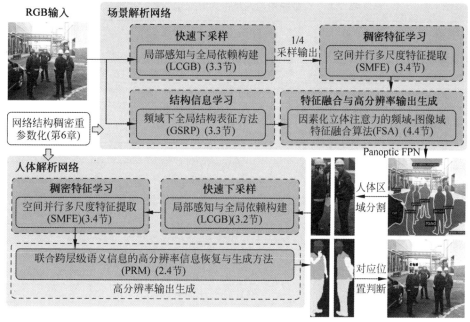

图 7.20　安全监管与人员行为识别网络模型示意图

根据7.1.1节所述的深度网络模型设计原则，并考虑应用场景的复杂动态交互性特点与NVIDIA Jetson Xavier NX芯片计算特性，本节网络模型中各模块详细参数配置如表7.6所示。

（1）针对"场景解析"网络模型,充分考虑模型容量与网络泛化能力,本节参照ResNet-18[1]网络结构,将ResNet-18的前两个阶段（Conv1和Conv2_x）替换为本书局部特征感知与全局依赖构建方法,将第三至第五阶段（Conv3_x-Conv5_x）替换为本书空间并行多尺度特征提取模块,并将1/16和1/32尺度特征引出,与频域下全局结构表征方法的输出一同送入基于因素化立体注意力机制的高效特征融合模块,输出128通道特征以供语义分类。

(2)针对"人体解析"网络模型,为追求快速推理,本节参照DFNet-DF1[93]网络结构,将DFNet-DF1的前两个阶段(Conv1和Conv2)替换为本书局部特征感知与全局依赖构建方法,将第三至第五阶段(Res3_x-Res5_x)替换为本书空间并行多尺度特征提取模块,并对1/8、1/16和1/32尺度应用,联合跨层级语义信息的高分辨率信息恢复与生成方法,从而实现人体解析。

表 7.6 安全监管与人员行为识别模型参数配置

网 络 名 称	网 络 阶 段	算法及参数	输 出 尺 寸
场景解析网络	输入图像	—	1536×864×3
	预处理	LCGB(输出通道数64)	384×241×64
	稠密特征提取	SMFE(输出通道数128)×2	192×121×128
		SMFE(输出通道数256)×2	96×61×256
		SMFE(输出通道数512)×2	48×31×512
	结构信息学习	GSRP(1/4尺度,输出通道128)	192×121×128
	特征融合与高分辨率输出	FSA(GSRP,1/16,1/32输出)	1536×864×80
人体解析网络	输入图像	—	416×320×3
	预处理	LCGB(输出通道数64)	104×80×64
	稠密特征提取	SMFE(输出通道数64)×3	52×40×64
		SMFE(输出通道数128)×3	26×20×128
		SMFE(输出通道数256)×3	13×15×512
		SMFE(输出通道数512)×1	
	高分辨率输出	PRM(1/8,1/16,1/32输出)	416×320×20

7.4.3 进展与成果

本算法应用于上海某大型污水处理厂,服务于现场施工监管,场景语义解析结果及部分监管功能效果如图7.21所示。如7.1.2节所述,本算法在嵌入式GPU上使用TensorRT策略部署,支持8路摄像头同步视频分析。其中单路摄像头语义解析算法(包括场景解析与人体解析)运行效率为45帧/s(其中,"场景解析"网络推理速度为13ms,"人体解析"网络推理速度为9ms),8路摄像头同时接入情况下,整体算法(包括语义解析、目标检测、行为分析等)平均每路运行速度达到

15帧/s，实现了监控系统的实时运行。

安全帽佩戴与打电话检测　　　　　　　　翻墙检测（方框为判定翻墙行为）
图 7.21　场景语义解析结果及部分监管功能效果示例

图7.21展示了不同场景、不同视角、不同监测功能的场景语义解析效果，验证了本书方法在安全监管与人员行为识别任务上的有效性，具体分析如下。

（1）对背景（如地面、墙体、植被等）分割准确。说明频域下全局结构表征方法能够适应纹理复杂、动态变化的情况，排除杂乱噪声干扰，提取边缘-区域一致、鲁棒特征。

（2）对人体、手机、背包等物体感知和分割边界准确。尤其是对不同视角、不同远近的人员识别，说明了空间并行多尺度特征提取网络，以及联合跨层级语义信息的高分辨率信息恢复与生成方法对于多尺度表征与语义生成的有效性。

（3）本节模型在多种场景、多种视角的测试均取得了良好效果，说明了本节方法具有良好的适应性与泛化能力，从侧面验证了本书稠密结构重参数化方法对于网络泛化能力提升的作用。

（4）该算法在嵌入式GPU上实现了多路并行实时运行。"场景解析"和"人体解析"模型在标准PyTorch[167]深度网络计算平台上的推理速度分别为32ms和26ms，经本书所述嵌入式NVIDIA GPU部署策略优化后，速度分别提升至13ms和9ms，论证了本书所提出的在嵌入式NVIDIA GPU平台上的模型构建原则与部署策略的高效性。

7.5 高动态开放场景下自动驾驶车辆车道线检测

在现代社会中，自动驾驶技术的发展已成为引领行业变革的重要动力。在复杂高动态的道路环境中，及时准确检测车道线对于车辆安全行驶的路线规划和导航决策至关重要。典型自动驾驶场景如图7.22所示。自动驾驶车辆车道线检测技术的研究致力于利用车载传感器自动高精度检测路面车道线的位置、类型和属性，以在高度动态、开放的真实道路场景下实时检测并跟踪车道线的变化，并将结果送至决策规划模块，指导车辆有序、安全行进。相较于人工驾驶，该技术可以引导汽车在正确区域内行驶，为自动驾驶汽车的自动巡航、车道保持、车道超车等行为提供决策依据，并在汽车偏离车道时为驾驶员提供预警，有助于安全驾驶。

图 7.22　典型自动驾驶场景

开放道路场景常伴有车流密集、车辆交互频繁、天气干扰、路面条件复杂等挑战，传统基于规则或机器学习方法的车道线检测技术往往表现受限，检测精度和鲁棒性无法满足自动驾驶系统对安全性和可靠性的苛刻要求。

7.5.1　任务描述

车道线检测技术在自动驾驶生态系统中扮演着核心角色，其主要任务是精确地识别和定位道路场景中各类车道线标记，如实线、虚线、箭头、人行横道等。图7.23展示了部分车道线检测示例。不同于一般目标物体，车道标线在视觉感知中呈现出独特的挑战性：它们在道路场景中所占比例较小，分布范围广泛。此外，车道线检测任务因车道标线的多样性、光照条件的不足、障碍物遮挡，以及与道路纹理的相似性导致的干扰而变得尤为复杂。这些因素在众多驾驶场景中普遍存在，加剧了车道检测的固有挑战。具体而言，车道线检测所面临的主要挑战在于：

（1）大范围开放场景中的小目标检测难度剧增。由于车道线在整体道路场景中所占比例较小，其可能分布于图像任意位置和角度，与其他道路元素（如车辆、建筑物等）相比，图像中车道线信息相对稀疏，视觉特征更为微弱；其固有的细长形状进一步增加了准确识别与定位的困难。此外，复杂多变的周边环境带来诸多不确定性扰动，如障碍遮挡、标识磨损、光照变化等，导致关键视觉线索缺失，严重影响车道线识别精度。

（2）检测误差的低容忍度。车道线的位置和方向对自动驾驶系统的行为决策至关重要，即使是微小的检测误差也可能引发严重的驾驶安全隐患。然而，由于车道线的尺寸较小，其位置和形态的细微变化可能会引起检测结果的不稳定性，因此算法需要具备极高的精确度和鲁棒性。

（3）训练与推理数据分布差异显著带来的泛化性挑战。研究人员仅能在道路状况良好且非高峰时段的情况下采集并标注道路车道线数据，而实际驾驶场景中的车流量、路面状态等与此存在明显差异，给算法在现实环境下的泛化能力带来严峻考验。

（4）高实时性要求。车道线检测的实时性是自动驾驶系统中的一个关键性能指标。该过程必须在高度实时的环境中进行，以确保自动驾驶车辆能够迅速且准确地对复杂的道路状况做出响应和决策。鉴于车道线检测任务需在端侧即时完成，车载计算平台须具备处理来自多个摄像头输入的数据流的能力。此外，计算设备的型号选择应基于其处理速度和效率，以支持高帧率的数据处理。实际应用中，检测帧率超过 30 FPS 是满足基本落地需求的起点，而在产业化应用中，为了适应更加复杂和动态的驾驶环境，通常会对实时性有更高的要求。

图 7.23　部分车道线检测示例

7.5.2 算法实施

自动驾驶车辆的车道线检测系统需要在车载计算设备上运行，常见使用芯片为低成本、低功耗的地平线J3 TDA4，其算力为5 TOPS；为满足自动驾驶落地应用需求，要求车道线检测模型的运行速度优于25帧/s。

利用本书所提出的算法，本节为自动驾驶车辆车道线检测所设计的深度网络模型如图7.24所示，其中在"场景解析"网络构建模块的选择上考虑如下。

（1）在网络输入预处理阶段，为了增强细长区域（车道线）的解析效果，并构建复杂场景下车道线的长距离关联，本节选用局部特征感知与全局依赖构建方法（3.3节）。

（2）在网络稠密特征提取阶段，为了适应高动态开放变化场景中多尺度、多形状物体与区域，本节选择空间并行多尺度特征提取网络（3.4节）。

（3）在网络高分辨率语义输出阶段，为了应对光照变化、标识磨损等不确定性扰动问题，本节选择使用基于幅度感知与相位修正的自适应频率感知算法来生成稳定的高精语义结果（5.3节和5.4节）。

（4）在网络训练优化过程中，为了增强模型在高动态开放环境中的泛化能力，本节使用网络结构稠密重参数化方法（第6章）。

考虑到实际应用需求，本算法采用ApolloScape[170]数据集进行训练。该数据集共20万张像素级标注图片，将车道线按类别（单、双、实、虚线，箭头，菱形、矩形等）、颜色（黄、白）、用途（划分、引导、停止、转向等）分为35类车道线标签和1个背景标签。

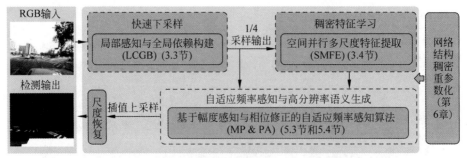

图 7.24　自动驾驶车辆车道线检测网络模型示意图

网络模型中各模块详细参数设置如表7.7所示，根据7.1.1节的深度网络模型设计原则，考虑到车道线等解析内容尺度相对较小、信息相对稀疏，且路面标识边界对车道线连续性提供关键线索具有重要作用，本节模型使用空频双域学习融合的方式，在强化语义信息提取的同时，增强车道线特征的边界学习。

（1）在网络浅层，配置通道数为64，快速降维至1/4尺度。

（2）在编码器网络的中深层，分别在1/8尺度、1/16尺度、1/32尺度使用2个稠密特征提取模块将通道数分别增加至128、256、512。

（3）在解码器模型中，使用基于幅度感知与相位修正的自适应频率感知算法在频率域中分别依次两两融合1/32、1/16、1/8、1/4尺度输出至分辨率为128×128，通道数为256。

（4）最后，利用双线性插值上采样获得与输入等分辨率的语义输出。

表 7.7　自动驾驶场景车道线检测网络参数配置表

网 络 阶 段	算法及参数	输 出 尺 寸
输入图像	—	$512 \times 512 \times 3$
预处理	LCGB(输出通道数64)	$128 \times 128 \times 64$
稠密特征提取	SMFE(输出通道数128)×2	$64 \times 64 \times 128$
	SMFE(输出通道数256)×2	$32 \times 32 \times 256$
	SMFE(输出通道数512)×2	$16 \times 16 \times 512$
高分辨率输出	MP+PA(1/16,1/32输出)	$32 \times 32 \times 256$
	MP+PA(1/8,1/16输出)	$64 \times 64 \times 256$
	MP+PA(1/4,1/8输出)	$128 \times 128 \times 256$
尺度恢复输出	双线性插值上采样	$512 \times 512 \times 36$

7.5.3　进展与成果

本算法应用于上海某智能驾驶公司，服务于无人驾驶"最后一公里"，相关车道线检测效果如图7.25所示。如7.1.2节所述，本算法在该算力受限的车载NPU上完成部署后，单路摄像头车道线检测算法平均运行效率达50帧/s，这为自动驾驶车辆的实时车道线检测提供了可能。

图7.25展示了不同道路环境、不同交通流量等情况下的车道线检测效果，验证了本书方法在动态开放环境下自动驾驶车辆车道线检测任务上的有效性，具体分析如下。

（1）针对车道线、斑马线、路面箭头标识等小目标，该方法展现了卓越的高精度检测能力。此类目标在整体场景中所占比例较小，且与周遭建筑物和车辆等环境元素的对比度不高，但该算法能够准确检测各种形态的车道线，包括弯曲、分叉和收束处的各种路面标识，充分证明了其优异的小目标检测性能。

（2）对于细长、弯曲车道线，该算法实现了连续一致的精确检测，且边界清晰、定位精准。图中结果显示，即使是长距离弯曲车道线，也基本实现了像素级精确检测，几乎没有明显的位置偏移或形态扭曲。这说明了本节算法有助于提升复杂特征的语义一致性与边界连续性，同时实现长距离精准定位。

（3）在路面标识磨损、车辆遮挡等干扰因素的影响下，该算法仍能稳定准确地检测车道线，充分体现了其良好的鲁棒性与泛化能力。该案例进一步验证了结构重参数化方法对于网络抗干扰能力与泛化能力的提升作用。

（4）该算法在算力受限的车载NPU上实现了多路并行实时运行。该网络模型在训练服务器标准PyTorch深度网络计算平台上推理速度为18.5ms；经本书所述的NPU部署策略优化后，模型在车载端低成本设备上推理速度为20ms，与高性能训练服务器的推理速度相近，论证了相关部署策略的有效性和优越性。

(a) 路面标识高精检测   (b) 长弯车道一致连续检测   (c) 复杂路况鲁棒检测

图 7.25   动态开放环境下自动驾驶车辆车道线检测效果

7.6   本章小结

针对本书所提出算法在实际自主智能系统上的应用问题，本章围绕网络设计、部署、应用实例三方面展开。本章首先通过实验描述了卷积在典型硬件平台上的推理效率，并依此给出了针对不同硬件平台的深度神经网络构建方法；然后详述了在不同硬件平台的部署方法；最后，依照前述网络模型设计原则和部署策略，本章介绍了本书算法在四个典型自主智能平台上的应用情况：结构化静态环境下航空复材消声蜂窝自动化制备，半结构化对抗场景下 RoboCup 仿人机器人足球竞赛，复杂交互环境下安全监管与人员行为识别系统，高动态开放场景下自动驾驶。展示了本书算法在实际自主智能系统上的测试情况与应用前景。

第8章

总结与展望

本书面向场景语义解析算法，围绕信息传递、特征提取、知识表征、语义生成、训练优化五方面开展研究，并介绍了多种典型应用案例。在公开数据集和实际场景中的评测取得了良好效果，论证了本书算法的有效性、灵活性与可扩展性，突显了本书成果的理论意义与现实价值。

8.1 总结

本书立足于国家战略、社会需求以及国内外研究前沿，深入剖析了自主智能系统的视觉环境感知领域中的核心问题——场景语义解析算法。本书从模型构建与学习的各方面（信息传递、特征提取、知识表征、语义生成、训练优化）以及实机部署应用的各个环节，全面阐述了场景语义解析算法面临的重点难点问题（第1章），随后针对具体科学问题逐一给出了解决方案。其中，第2章重点解决网络分辨率变化过程导致的信息丢失问题，提出了基于"全息"网络架构的信息流传递机制，增强了网络对图像信息的保留能力，提升了模型准确性。第3章重点处理多尺度特征提取及其去冗表征问题，提出了基于邻域解耦-耦合的空间多尺度表征学习算法，减少了特征冗余，增大了模型容量，同步提升了整体算法准确性与计算效率。第4章重点探索模型高维知识的低效挖掘与信息过载问题，提出了基于频域学习的知识空间拓展与高效特征融合算法，充分利用了图像变换与高维知识先验，获取了高维信息的一致性、鲁棒性表征。第5章重点解决生成标签的语义超调与定位失准问题，提出了基于幅-相感知的语义-定位解耦表征与并行优化算法，增强了语义表征多样性，修正了层级定位偏差，同步提升了模型分类一致性与定位准确性。第6章探讨了模型训练动态的数据依赖与网络退化问题，提出了基于网络结构重参数化的训练动态改善与泛化能力提升方法，通过训练与推理阶段解耦，提升了网络性能与泛化能力。最后，在第7章针对典型自主智能系统给出了算法设计方法与部署策略，并对本书算法进行了验证与应用。本书具体工作与研究结论如下。

（1）提出了基于"全息"网络架构的信息流传递机制。本书第2章首先针对大尺度输入图像的快速降维导致了结构信息的不可逆损失，致使分割结果缺乏结构细节的问题，提出了基于无步长快速降采样的结构信息留存策略，保证了全部图像初始信息无损、公平地参与网络后续运算；其次，针对现有方法上/下采样过程的彼此独立导致其相互引导不足，致使分辨率变化前后的空间关联性减弱的问题，提出了具有相互引导性的上-下采样过程，使上-下采样成对出现，促进了分辨率变化前后的空间信息保存和恢复；最后，针对高分辨率生成时对多分辨率语义信息的不充分利用，致使分割结果位置偏移与分类混淆的问题，提出了联合跨层级语义信息的高分辨率信息恢复与生成方法，利用廉价操作同时维护了具有强语义信息的多分辨率表征，改善了位置偏移与语义混淆。

（2）提出了基于邻域解耦-耦合的空间多尺度表征学习算法。本书第3章首先引出深度网络特征冗余的困境常归咎于通道冗余，却忽略了空间冗余的巨大影响的科学问题，定义了邻域解耦-耦合算子，提出了对空间子集进行信息建模与表征学习的新思想；基于该算子，针对输入预处理中减少冗余和保留细节之间的矛盾，构建了局部特征感知与全局依赖方法，高效捕获了具有全局感受野和特征关联初始特征；最后，针对多尺度表征需求引入大量计算冗余的核心问题，提出了空间多尺度特征提取算法，实现了低计算量、低冗余度、大感受野的多尺度表征学习。

（3）提出了基于频域学习的知识空间拓展与高效融合算法。本书第4章首先指出图像卷积作为一种局部操作无法直接通过单一操作感知全局信息，由此将深度学习的知识空间由图像域扩展至频率域，提出了在频率域学习的思想，构建了全感受野卷积算子；随后，针对现有空间结构描述方法因感受野受限无法同时构建边缘与区域描述的问题，提出了频域下全局结构表征方法，实现了高效的结构信息一致性、鲁棒性表征；最后，针对多层级特征对低参数量语义解析网络造成的特征融合信息过载问题，提出了基于立体注意力机制的频域-图像域特征融合算法，通过将注意力机制在层次间、通道间、像素间解耦，实现了高效多层次跨模态高效特征融合。

（4）提出了基于幅-相感知的高分辨率语义生成算法。本书第5章首先揭示了图像幅度和相位在语义和定位方面的反向对称固有特性。基于该特性，针对高低层特征之间的语义鸿沟问题，提出了一种基于动态权重机制的幅度感知模块，在增强语义表征的同时，避免了语义鸿沟。针对不同层级特征之间的定位结构不对齐问题，提出了一种简洁高效的相位修正模块，显式挖掘并修正每层特征的定位偏移和错位信息，从而促进细粒度的原型定位表征。此外，针对标准分割损失的不平衡优化问题，提出了一种相位敏感性损失作为辅助约束，在保证多层级语义多样性的同时，增强了模型的细粒度分辨率重建能力，解决了空间像素级学习方法的语义依赖和细节失真等局限性问题。

（5）提出了基于网络结构重参数化的训练动态改善与泛化能力提升方法。本书第6章考虑到给定模型在训练过程中产生特征噪声和参数异常值问题，探究了额外参数引入导致网络训练动态改变并可能加剧网络的训练难度问题；以及现有结构重参数化设计易在模型优化过程带来新的奇异点并导致网络退化问题。提出了一种网络结构稠密重参数化方法，该方法通过深度矩阵分解引入隐式正则化；通过批归一化层调节权重分布优化梯度回传；通过稠密连接改善层矩阵权重分布及其奇异性，缓解网络退化。该方法在不改变推理结构与推理效率的前提下，提升了推理准确率，改善了网络泛化能力。

（6）给出了实际自主智能系统中算法构建原则、部署策略及测试应用案例。本书第7章以算法测试与应用为导向，首先讨论了不同硬件平台下高效算法设计原则与部署策略，然后分别介绍结构化静态环境下航空复材消声蜂窝自动化制备、半结构化对抗场景下RoboCup仿人机器人视觉感知、复杂交互环境下安全监管与行为识别以及高动态开放场景下自动驾驶车辆车道线检测等实际案例，展示了本书算法在实际自主智能系统上的应用情况，证明了本书算法的有效性、灵活性，印证了本书工作的应用前景。

8.2 展望

本书对场景语义解析算法在信息传递、特征提取、知识表征、语义生成、训练优化五方面的研究与创新，取得了一定的效果。但无论是研究本身，还是整个场景语义解析算法领域，仍有诸多可做扩展研究和亟待解决的难题。

（1）**大规模高保真数据样本**。视觉场景语义解析技术需要大量的高质量的多模态数据，以及对应的语义标注信息，如场景图、属性标签、关系标签等。然而，目前存在的数据集往往规模有限、场景单一、标注不完整或不一致，难以覆盖视觉场景的多样性和丰富性。这些问题会影响数据的质量和多样性从而影响了视觉场景语义解析的准确性和鲁棒性。因此，如何利用多源、多模态、多层次的数据生成技术，以及相应的语义标签生成与校验技术，来构建高保真的数据样本集合，是一个具有重要意义和挑战性的研究问题。

（2）**开放动态环境下的域自适应场景语义解析算法**。自主智能系统往往工作在复杂和动态的场景中，而场景语义解析算法的训练样本往往极其有限且成本昂贵。因场景变化引起的数据分布改变，是制约场景语义解析算法泛化能力的主要瓶颈。这就导致了场景语义解析算法的泛化能力不足，影响了自主智能系统的适应性和灵活性。因此，研究轻量化、高效率、低资源依赖的域自适应算法，使场景语义解析算法能够利用来自不同领域的数据进行自适应学习，提升其对多种场景的适应能力，从而进一步推进自主智能系统的多场景应用。

（3）**场景语义解析的少样本学习与零样本学习方法**。自主智能系统往往面对不同的任务需求，而场景语义解析算法也要根据不同的任务目标进行相应的调整。例如，在自动驾驶中，可能需要对道路上的车辆、行人、交通标志等进行检测和识别；而在机器人中，可能需要对室内环境中的家具、物品、人体姿态等进行分割和理解。由于样本标注的高昂成本和自主智能系统的快速部署需求，难以为每个新任务收集和标注大量的训练样本。因此，研究准确高效的小样本或零样本学习算法，使场景语义解析算法能够利用少量或无标签的数据进行快速学习，提升其对新任务新场景的适应能力，对扩展自主智能系统的多任务应用具有重要价值。

（4）**跨模态融合的三维视觉场景理解**。尽管场景语义解析可满足自主智能系统对于场景类型、目标、区域的区分与交互需求，但由于三维信息的丢失，二维场景解析难以提供所需的目标距离、目标间相对位置关系等信息，影响了诸如自动驾驶、行为分析等需要三维信息的自主智能系统的准确性与可靠性。例如，相比于图像传感器，惯导设备可以提供较为可靠的空间朝向和运动信息，结构光、激光雷达等主动设备不易受到纹理、光照、天气等因素影响，这些传感器的综合使用可以有效避免图像底层信息不可靠和不稳定带来的问题。然而，由于不同模态数据之间在形式、尺度和信息密度上存在显著差异，如图像数据是二维密集的，而点云数据是三维稀疏的；图像数据可以提供丰富的颜色和纹理信息，而点云数据可以提供精确的距离和形状信息等，因此如何有效地融合和表示多模态数据，充分利用数据中的互补信息与关联信息，实现鲁棒可靠的三维视觉场景理解仍然是一个值得深入研究和探索的前沿课题。

参 考 文 献

[1]   HE K, ZHANG X, REN S, et al. Deep residual learning for image recognition[C]//
      Proceedings of the IEEE/CVF Conference on Computer Vision and Pattern Recog-
      nition (CVPR). 2016: 770-778.

[2]   XIE S, GIRSHICK R, DOLLÁR P, et al. Aggregated residual transformations for
      deep neural networks[C]//Proceedings of the IEEE/CVF Conference on Computer
      Vision and Pattern Recognition (CVPR). 2017: 1492-1500.

[3]   HUANG G, LIU Z, VAN DER MAATEN L, et al. Densely connected convolutional
      networks[C]//Proceedings of the IEEE/CVF Conference on Computer Vision and
      Pattern Recognition (CVPR). 2017: 4700-4708.

[4]   SZEGEDY C, LIU W, JIA Y, et al. Going deeper with convolutions[C]//Proceedings
      of the IEEE/CVF Conference on Computer Vision and Pattern Recognition (CVPR).
      2015: 1-9.

[5]   SUN K, XIAO B, LIU D, et al. Deep high-resolution representation learning for
      human pose estimation[C]//Proceedings of the IEEE/CVF Conference on Computer
      Vision and Pattern Recognition (CVPR). 2019: 5693-5703.

[6]   HOWARD A G, ZHU M, CHEN B, et al. MobileNet: Efficient convolutional neural
      networks for mobile vision applications[J]. arXiv preprint arXiv:1704.04861, 2017.

[7]   SANDLER M, HOWARD A, ZHU M, et al. MobileNetV2: Inverted residuals and
      linear bottlenecks[C]//2018 IEEE/CVF Conference on Computer Vision and Pattern
      Recognition. 2018: 4510-4520.

[8]   ZHANG X, ZHOU X, LIN M, et al. Shufflenet: An extremely efficient convolutional
      neural network for mobile devices[C]//Proceedings of the IEEE/CVF Conference on
      Computer Vision and Pattern Recognition (CVPR). 2018: 6848-6856.

[9]   HAN K, WANG Y, TIAN Q, et al. Ghostnet: More features from cheap operations
      [C]//Proceedings of the IEEE/CVF Conference on Computer Vision and Pattern
      Recognition (CVPR). 2020: 1580-1589.

[10] FAN M, LAI S, HUANG J, et al. Rethinking BiSeNet for real-time semantic seg-
      mentation[C]//Proceedings of the IEEE/CVF Conference on Computer Vision and
      Pattern Recognition (CVPR). 2021: 9716-9725.

[11] POUDEL R P, LIWICKI S, CIPOLLA R. Fast-SCNN: Fast semantic segmentation network[J]. arXiv preprint arXiv:1902.04502, 2019.

[12] SZEGEDY C, VANHOUCKE V, IOFFE S, et al. Rethinking the inception architecture for omputer vision[C]//Proceedings of the IEEE/CVF Conference on Computer Vision and Pattern Recognition (CVPR). 2016: 2818-2826.

[13] SZEGEDY C, IOFFE S, VANHOUCKE V, et al. Inception-v4, inception-resnet and the impact of residual connections on learning[C]//Thirty-first AAAI Conference on Artificial Intelligence. 2017.

[14] PASZKE A, CHAURASIA A, KIM S, et al. Enet: A deep neural network architecture for real-time semantic segmentation[J]. arXiv preprint arXiv:1606.02147, 2016.

[15] ROMERA E, ALVAREZ J M, BERGASA L M, et al. ERFNet: Efficient residual factorized convnet for real-time semantic segmentation[J]. IEEE Transactions on Intelligent Transportation Systems, 2017, 19(1): 263-272.

[16] LONG J, SHELHAMER E, DARRELL T. Fully convolutional networks for semantic segmentation[C]//Proceedings of the IEEE/CVF Conference on Computer Vision and Pattern Recognition (CVPR). 2015: 3431-3440.

[17] HU X, MU H, ZHANG X, et al. Meta-SR: A magnification-arbitrary network for super-resolution[C]//Proceedings of the IEEE/CVF Conference on Computer Vision and Pattern Recognition (CVPR). 2019: 1575-1584.

[18] WANG J, CHEN K, XU R, et al. CARAFE: Content-aware reassembly of features [C]//Proceedings of the IEEE/CVF Conference on Computer Vision and Pattern Recognition (CVPR). 2019: 3007-3016.

[19] SHI W, CABALLERO J, HUSZÁR F, et al. Real-time single image and video super-resolution using an efficient sub-pixel convolutional neural network[C]//Proceedings of the IEEE/CVF Conference on Computer Vision and Pattern Recognition (CVPR). 2016: 1874-1883.

[20] YANG T J, COLLINS M D, ZHU Y, et al. Deeperlab: Single-shot image parser[J]. arXiv preprint arXiv:1902.05093, 2019.

[21] LIN T Y, DOLLÁR P, GIRSHICK R, et al. Feature pyramid networks for object detection[C]//Proceedings of the IEEE/CVF Conference on Computer Vision and Pattern Recognition (CVPR). 2017: 2117-2125.

[22] RONNEBERGER O, FISCHER P, BROX T. UNet: convolutional networks for biomedical image segmentation[C]//International Conference on Medical Image Computing and Computer-assisted Intervention. 2015: 234-241.

[23] BADRINARAYANAN V, KENDALL A, CIPOLLA R. SegNet: A deep convolutional

encoder-decoder architecture for image segmentation[J]. IEEE Transactions on Pattern Analysis and Machine Intelligence, 2017, 39(12): 2481-2495.

[24] WANG W, PAN Z. Dsnet for real-time driving scene semantic segmentation[J]. arXiv preprint arXiv:1812.07049, 2018.

[25] NEWELL A, YANG K, DENG J. Stacked hourglass networks for human pose estimation[C]//Proceedings of the European Conference on Computer Vision (ECCV). 2016: 483-499.

[26] 罗会兰, 黎宵. 基于上下文和浅层空间编解码网络的图像语义分割方法[J]. 自动化学报, 2022(7): 1834-1846.

[27] LIN G, MILAN A, SHEN C, et al. Refinenet: Multi-path refinement networks for high-resolution semantic segmentation[C]//Proceedings of the IEEE/CVF Conference on Computer Vision and Pattern Recognition (CVPR). 2017: 1925-1934.

[28] YU C, WANG J, PENG C, et al. BiSeNet: Bilateral Segmentation Network for Real-Time Semantic Segmentation[C]//Proceedings of the European Conference on Computer Vision (ECCV). 2018: 325-341.

[29] LI H, XIONG P, FAN H, et al. Dfanet: Deep feature aggregation for real-time semantic segmentation[C]//Proceedings of the IEEE/CVF Conference on Computer Vision and Pattern Recognition (CVPR). 2019: 9522-9531.

[30] LOWE D G. Distinctive image features from scale-invariant keypoints[J]. International Journal of Computer Vision, 2004, 60(2): 91-110.

[31] YIN X, LIU X. Multi-task convolutional neural network for pose-invariant face recognition[J]. IEEE Transactions on Image Processing, 2017, 27(2): 964-975.

[32] ZHAO H, QI X, SHEN X, et al. IcNet for real-time semantic segmentation on high-resolution images[C]//Proceedings of the European Conference on Computer Vision (ECCV). 2018: 405-420.

[33] GAO G, XU G, YU Y, et al. MSCFNet: A lightweight network with multi-scale context fusion for real-time semantic segmentation[J]. arXiv preprint arXiv:2103.13044, 2021.

[34] CHEN L C, PAPANDREOU G, SCHROFF F, et al. Rethinking atrous convolution for semantic image segmentation[J]. arXiv preprint arXiv:1706.05587, 2017.

[35] ZHAO H, SHI J, QI X, et al. Pyramid scene parsing network[C]//Proceedings of the IEEE/CVF Conference on Computer Vision and Pattern Recognition (CVPR). 2017: 2881-2890.

[36] 刘云, 陆承泽, 李仕杰, 等. 基于高效的多尺度特征提取的轻量级语义分割[J]. 计算机学报, 2022, 45(7): 1517-1528.

[37] 赵斐, 张文凯, 闫志远, 等. 基于多特征图金字塔融合深度网络的遥感图像语义分割[J]. 电子与信息学报, 2019, 41(10): 2525-2531.

[38] WANG Q, LIU Y, XIONG Z, et al. hybrid feature aligned network for salient object detection in optical remote sensing imagery[J]. IEEE Transactions on Geoscience & Remote Sensing, 2022, 60: 1-15.

[39] YU C, GAO C, WANG J, et al. BiSeNet v2: Bilateral network with guided aggregation for real-time semantic segmentation[J]. International Journal of Computer Vision, 2021: 1-18.

[40] LIU Y, LI Q, YUAN Y, et al. ABNet: Adaptive Balanced Network for Multiscale Object Detection in Remote Sensing Imagery[J]. IEEE Transactions on Geoscience & Remote Sensing, 2022, 60: 1-14.

[41] LIU W, ANGUELOV D, ERHAN D, et al. SSD: Single shot multibox detector[C]// Proceedings of the European Conference on Computer Vision (ECCV). 2016: 21-37.

[42] GUEGUEN L, SERGEEV A, KADLEC B, et al. Faster neural networks straight from JPEG[C]//Advances in Neural Information Processing Systems (NIPS): vol. 31. 2018.

[43] XU K, QIN M, SUN F, et al. Learning in the frequency domain[C]//2020 IEEE/CVF Conference on Computer Vision and Pattern Recognition (CVPR). 2020: 1737-1746.

[44] EHRLICH M, DAVIS L S. Deep residual learning in the jpeg transform domain [C]//Proceedings of the IEEE/CVF International Conference on Computer Vision (ICCV). 2019: 3484-3493.

[45] LI S, XUE K, ZHU B, et al. FALCON: A Fourier transform based approach for fast and secure convolutional neural network predictions[C]//2020 IEEE/CVF Conference on Computer Vision and Pattern Recognition (CVPR). 2020: 8702-8711.

[46] DING C, LIAO S, WANG Y, et al. CirCNN: Accelerating and compressing deep neural networks using block-circulant weight matrices[C]//2017 50th Annual IEEE/ACM International Symposium on Microarchitecture (MICRO). 2017: 395-408.

[47] WANG Y, XU C, YOU S, et al. Cnnpack: Packing convolutional neural networks in the frequency domain[J]. Advances in Neural Information Processing Systems (NIPS), 2016, 29.

[48] CHEN W, WILSON J, TYREE S, et al. Compressing convolutional neural networks in the frequency domain[C]//Proceedings of the 22nd ACM SIGKDD iNternational Conference on Knowledge Discovery and Data Mining. 2016: 1475-1484.

[49] LO S Y, HANG H M. Exploring semantic segmentation on the DCT representation [C]//MMAsia '19: Proceedings of the ACM Multimedia Asia. Beijing, China, 2019.

[50] LIU Z, XU J, PENG X, et al. Frequency-domain dynamic pruning for convolutional neural networks[J]. Advances in Neural Information Processing Systems (NIPS), 2018, 31.

[51] QIN Z, ZHANG P, WU F, et al. Fcanet: Frequency channel attention networks [C]//Proceedings of the IEEE/CVF International Conference on Computer Vision (ICCV). 2021: 783-792.

[52] HUANG J, GUAN D, XIAO A, et al. FSDR: Frequency space domain randomization for domain generalization[C]//Proceedings of the IEEE/CVF Conference on Computer Vision and Pattern Recognition (CVPR). 2021: 6891-6902.

[53] JIANG L, DAI B, WU W, et al. Focal frequency loss for image reconstruction and synthesis[C]//Proceedings of the IEEE/CVF International Conference on Computer Vision (ICCV). 2021: 13919-13929.

[54] CAI M, ZHANG H, HUANG H, et al. Frequency domain image translation: More photo-realistic, better identity-preserving[C]//Proceedings of the IEEE/CVF International Conference on Computer Vision (ICCV). 2021: 13930-13940.

[55] LIU P, ZHANG H, ZHANG K, et al. Multi-level wavelet-CNN for image restoration [C]//Proceedings of the IEEE Conference on Computer Vision and Pattern Recognition workshops. 2018: 773-782.

[56] LUO X, ZHANG J, HONG M, et al. Deep wavelet network with domain adaptation for single image demoireing[C]//Proceedings of the IEEE/CVF Conference on Computer Vision and Pattern Recognition Workshops. 2020: 420-421.

[57] ZHENG B, YUAN S, YAN C, et al. Learning frequency domain priors for image demoireing[J]. IEEE Transactions on Pattern Analysis and Machine Intelligence, 2021.

[58] MO H, JIANG J, WANG Q, et al. Frequency attention network: Blind noise removal for real images[C]//Proceedings of the Asian Conference on Computer Vision. 2020.

[59] DOSOVITSKIY A, BEYER L, KOLESNIKOV A, et al. An image is worth 16×16 words: Transformers for image recognition at scale[J]. arXiv preprint arXiv:2010.11929, 2020.

[60] WANG X, GIRSHICK R, GUPTA A, et al. Non-local neural networks[C]// Proceedings of the IEEE/CVF Conference on Computer Vision and Pattern Recognition (CVPR). 2018: 7794-7803.

[61] HUANG Z, WANG X, HUANG L, et al. Ccnet: Criss-cross attention for semantic segmentation[C]//Proceedings of the IEEE/CVF International Conference on Computer Vision (ICCV). 2019: 603-612.

[62] TAKIKAWA T, ACUNA D, JAMPANI V, et al. Gated-SCNN: Gated shape CNNs for semantic segmentation[C]//2019 Proceedings of the IEEE/CVF International Conference on Computer Vision Workshops (ICCVW). 2019.

[63] XU J, XIONG Z, BHATTACHARYYA S P. PIDNet: A real-time semantic segmentation network inspired by PID controllers[C]//2023 IEEE/CVF Conference on Computer Vision and Pattern Recognition (CVPR). 2023: 19529-19539.

[64] DING X, GUO Y, DING G, et al. Acnet: Strengthening the kernel skeletons for powerful CNN via asymmetric convolution blocks[C]//Proceedings of the IEEE/CVF International Conference on Computer Vision (ICCV). 2019: 1911-1920.

[65] DING X, ZHANG X, MA N, et al. RepVGG: Making VGG-style convnets great again [C]//Proceedings of the IEEE/CVF Conference on Computer Vision and Pattern Recognition (CVPR). 2021: 13733-13742.

[66] DING X, ZHANG X, HAN J, et al. Diverse branch block: Building a convolution as an inception-like unit[C]//Proceedings of the IEEE/CVF Conference on Computer Vision and Pattern Recognition (CVPR). 2021: 10886-10895.

[67] DING X, HAO T, TAN J, et al. ResRep: Lossless CNN pruning via decoupling remembering and forgetting[C]//Proceedings of the IEEE/CVF International Conference on Computer Vision (ICCV). 2021: 4510-4520.

[68] HUANG T, YOU S, ZHANG B, et al. DyRep: Bootstrapping training with dynamic re-parameterization[C]//Proceedings of the IEEE/CVF Conference on Computer Vision and Pattern Recognition (CVPR). 2022: 588-597.

[69] WANG X, DONG C, SHAN Y. RepSR: Training efficient VGG-style super-resolution networks with structural re-parameterization and batch normalization[J]. arXiv preprint arXiv:2205.05671, 2022.

[70] DING X, CHEN H, ZHANG X, et al. RepMLPNet: Hierarchical vision MLP with re-parameterized locality[C]//Proceedings of the IEEE/CVF Conference on Computer Vision and Pattern Recognition (CVPR). 2022: 578-587.

[71] DING X, ZHANG X, HAN J, et al. Scaling up your kernels to 31×31: Revisiting large kernel design in CNNs[C]//Proceedings of the IEEE/CVF Conference on Computer Vision and Pattern Recognition (CVPR). 2022: 11963-11975.

[72] DING X, CHEN H, ZHANG X, et al. Re-parameterizing your optimizers rather than Architectures[C]//International Conference on Learning Representations (ICLR). 2023.

[73] ZHANG M, YU X, RONG J, et al. RepNAS: Searching for efficient re-parameterizing blocks[J]. arXiv preprint arXiv:2109.03508, 2021.

[74] BHARDWAJ K, MILOSAVLJEVIC M, O'NEIL L, et al. Collapsible linear blocks for super-efficient super resolution[C]//Proceedings of Machine Learning and Systems: vol. 4. 2022: 529-547.

[75] GUO S, ALVAREZ J M, SALZMANN M. ExpandNets: Linear over-parameterization to train compact convolutional networks[C]//Advances in Neural Information Processing Systems (NIPS): vol. 33. 2020: 1298-1310.

[76] CAO J, LI Y, SUN M, et al. Do-conv: Depthwise over-parameterized convolutional layer[J]. arXiv preprint arXiv:2006.12030, 2020.

[77] DROR A B, ZEHNGUT N, RAVIV A, et al. Layer folding: neural network depth reduction using activation linearization[J]. arXiv preprint arXiv:2106.09309, 2021.

[78] GUNASEKAR S, WOODWORTH B, BHOJANAPALLI S, et al. Implicit regularization in matrix factorization[C]//Advances in Neural Information Processing Systems (NIPS): Advances in Neural Information Processing Systems (NIPS): vol. 30. 2017.

[79] ARORA S, COHEN N, HAZAN E. On the optimization of deep networks: Implicit acceleration by overparameterization[C]//International Conference on Machine Learning (ICML). 2018: 244-253.

[80] ARORA S, COHEN N, HU W, et al. Implicit regularization in deep matrix factorization[C]//Advances in Neural Information Processing Systems (NIPS): vol. 32. 2019.

[81] JACOT A, GED F, ŞIMŞEK B, et al. Saddle-to-saddle dynamics in deep linear networks: Small initialization training, symmetry, and sparsity[J]. arXiv preprint arXiv:2106.15933, 2021.

[82] LI Z, XU Z Q J, LUO T, et al. A regularised deep matrix factorised model of matrix completion for image restoration[J]. IET Image Processing, 2022.

[83] YOU C, ZHU Z, QU Q, et al. Robust recovery via implicit bias of discrepant learning rates for double over-parameterization[C]//Advances in Neural Information Processing Systems (NIPS): vol. 33. 2020: 17733-17744.

[84] ERGEN T, SAHINER A, OZTURKLER B, et al. Demystifying batch normalization in ReLU networks: Equivalent convex optimization models and implicit regularization [C]//International Conference on Learning Representations (ICLR). 2022.

[85] MOROSHKO E, WOODWORTH B E, GUNASEKAR S, et al. Implicit bias in deep linear classification: Initialization scale vs training accuracy[C]//Advances in Neural Information Processing Systems (NIPS): vol. 33. 2020: 22182-22193.

[86] CHOLLET F. Xception: Deep learning with depthwise separable convolutions[C]// Proceedings of the IEEE/CVF Conference on Computer Vision and Pattern Recog-

nition (CVPR). 2017: 1251-1258.

[87] IANDOLA F N, HAN S, MOSKEWICZ M W, et al. SqueezeNet: AlexNet-level accuracy with 50x fewer parameters and < 0.5 MB model size[J]. arXiv preprint arXiv:1602.07360, 2016.

[88] WANG M, LIU B, FOROOSH H. Factorized convolutional neural networks[C]// Proceedings of the IEEE International Conference on Computer Vision (ICCV) Workshops. 2017: 545-553.

[89] MA N, ZHANG X, ZHENG H T, et al. Shufflenet v2: Practical guidelines for efficient cnn architecture design[C]//Proceedings of the European Conference on Computer Vision (ECCV). 2018: 116-131.

[90] TAN M, CHEN B, PANG R, et al. Mnasnet: Platform-aware neural architecture search for mobile[C]//Proceedings of the IEEE/CVF Conference on Computer Vision and Pattern Recognition (CVPR). 2019: 2820-2828.

[91] MEHTA S, RASTEGARI M, CASPI A, et al. Espnet: Efficient spatial pyramid of dilated convolutions for semantic segmentation[C]//Proceedings of the European Conference on Computer Vision (ECCV). 2018: 552-568.

[92] LI G, YUN I, KIM J, et al. Dabnet: Depth-wise asymmetric bottleneck for real-time semantic segmentation[J]. arXiv preprint arXiv:1907.11357, 2019.

[93] LI X, ZHOU Y, PAN Z, et al. Partial order pruning: For best speed/accuracy trade-off in neural architecture search[C]//Proceedings of the IEEE/CVF Conference on Computer Vision and Pattern Recognition (CVPR). 2019: 9145-9153.

[94] CHEN W, GONG X, LIU X, et al. FasterSeg: Searching for faster real-time semantic segmentation[J]. arXiv preprint arXiv:1912.10917, 2019.

[95] YAN Q, LI S, LIU C, et al. RoboSeg: Real-time semantic segmentation on computationally constrained robots[J]. IEEE Transactions on Systems, Man, and Cybernetics: Systems, 2020: 1-11.

[96] CHEN L C, PAPANDREOU G, KOKKINOS I, et al. Deeplab: Semantic image segmentation with deep convolutional nets, atrous convolution, and fully connected crfs [J]. IEEE Transactions on Pattern Analysis and Machine Intelligence, 2017, 40(4): 834-848.

[97] CHEN L C, ZHU Y, PAPANDREOU G, et al. Encoder-decoder with atrous separable convolution for semantic image segmentation[C]//Proceedings of the European Conference on Computer Vision (ECCV). 2018: 801-818.

[98] WANG Y, ZHOU Q, LIU J, et al. Lednet: A lightweight encoder-decoder network for real-time semantic segmentation[C]//2019 IEEE International Conference on Image

Processing (ICIP). 2019: 1860-1864.

[99] FU J, LIU J, TIAN H, et al. Dual attention network for scene segmentation[C]// Proceedings of the IEEE/CVF Conference on Computer Vision and Pattern Recognition (CVPR). 2019: 3146-3154.

[100] VISIN F, ROMERO A, CHO K, et al. ReSeg: A Recurrent neural network-based model for semantic segmentation[C]//2016 IEEE Conference on Computer Vision and Pattern Recognition Workshops (CVPRW). 2016: 426-433.

[101] QIN Y, SONG D, CHEN H, et al. A dual-stage attention-based recurrent neural network for time series prediction[C]//Proceedings of the Twenty-Sixth International Joint Conference on Artificial Intelligence, (IJCAI-17). 2017: 2627-2633.

[102] ZHANG X, ZHU X, ZHANG X Y, et al. SegGAN: Semantic segmentation with generative adversarial network[C]//2018 IEEE Fourth International Conference on Multimedia Big Data (BigMM). 2018: 1-5.

[103] LIN Y X, TAN D S, CHENG W H, et al. Adapting semantic segmentation of urban scenes via mask-aware gated discriminator[C]//2019 IEEE International Conference on Multimedia and Expo (ICME). 2019: 218-223.

[104] XU Y, HE F, DU B, et al. Self-ensembling GAN for cross-domain semantic segmentation[J]. IEEE Transactions on Multimedia, 2022: 1-14.

[105] BROSTOW G J, FAUQUEUR J, CIPOLLA R. Semantic object classes in video: A high-definition ground truth database[J]. Pattern Recognition Letters, 2009, 30(2): 88-97.

[106] EVERINGHAM M, VAN GOOL L, WILLIAMS C K, et al. The pascal visual object classes (Voc) challenge[J]. International Journal of Computer Vision, 2010, 88(2): 303-338.

[107] CORDTS M, OMRAN M, RAMOS S, et al. The cityscapes dataset for semantic urban scene understanding[C]//Proceedings of the IEEE/CVF Conference on Computer Vision and Pattern Recognition (CVPR). 2016: 3213-3223.

[108] CAESAR H, UIJLINGS J R R, FERRARI V. COCO-Stuff: Thing and stuff classes in context[J]. 2018 IEEE/CVF Conference on Computer Vision and Pattern Recognition, 2018: 1209-1218.

[109] ZHOU B, ZHAO H, PUIG X, et al. Scene parsing through ADE20K dataset[C]// Proceedings of the IEEE/CVF Conference on Computer Vision and Pattern Recognition (CVPR). 2017.

[110] EMARA T, EL MUNIM H E A, ABBAS H M. LiteSeg: A novel lightweight convnet for semantic segmentation[C]//2019 Digital Image Computing: Techniques and

Applications (DICTA). 2019: 1-7.

[111] 张志文, 刘天歌, 聂鹏举. 基于实景数据增强和双路径融合网络的实时街景语义分割算法[J]. 电子学报, 2022: 1609-1620.

[112] TIAN Z, HE T, SHEN C, et al. Decoders matter for semantic segmentation: Data-dependent decoding enables flexible feature aggregation[C]//Proceedings of the IEEE/CVF Conference on Computer Vision and Pattern Recognition (CVPR). 2019: 3126-3135.

[113] HONG Y, PAN H, SUN W, et al. Deep dual-resolution networks for real-time and accurate semantic segmentation of road scenes[J]. arXiv preprint arXiv:2101.06085, 2021.

[114] ORSIC M, KRESO I, BEVANDIC P, et al. In defense of pre-trained imagenet architectures for real-time semantic segmentation of road-driving images[C]//Proceedings of the IEEE/CVF Conference on Computer Vision and Pattern Recognition (CVPR). 2019: 12607-12616.

[115] HU P, PERAZZI F, HEILBRON F C, et al. Real-time semantic segmentation with fast attention[J]. IEEE Robotics and Automation Letters, 2020, 6(1): 263-270.

[116] ZHUANG J, YANG J, GU L, et al. Shelfnet for fast semantic segmentation[C]//Proceedings of the IEEE/CVF International Conference on Computer Vision (ICCV) Workshops. 2019: 0-0.

[117] ARANI E, MARZBAN S, PATA A, et al. Rgpnet: A real-time general purpose semantic segmentation[C]//Proceedings of the IEEE/CVF Winter Conference on Applications of Computer Vision. 2021: 3009-3018.

[118] LI Y, LIU Y, SUN Q. Real-time semantic segmentation via region and pixel context network[C]//2020 25th International Conference on Pattern Recognition (ICPR). 2021: 7043-7049.

[119] LIN P, SUN P, CHENG G, et al. Graph-guided architecture search for real-time semantic segmentation[C]//Proceedings of the IEEE/CVF Conference on Computer Vision and Pattern Recognition (CVPR). 2020: 4203-4212.

[120] ZHANG Y, QIU Z, LIU J, et al. Customizable architecture search for semantic segmentation[C]//Proceedings of the IEEE Conference on Computer Vision and Pattern Recognition (CVPR). 2019: 11641-11650.

[121] ZHANG Z, ZHANG K. FarSee-Net: Real-time semantic segmentation by efficient multi-scale context aggregation and feature space super-resolution[J]. arXiv preprint arXiv:2003.03913, 2020.

[122] LI P, DONG X, YU X, et al. When humans meet machines: Towards efficient seg-

mentation networks.[C]//British Machine Vision Conference (BMVC). 2020.

[123] ELHASSAN M A, HUANG C, YANG C, et al. DSANet: Dilated spatial attention for real-time semantic segmentation in urban street scenes[J]. Expert Systems with Applications, 2021, 183: 115090.

[124] LEE J, KIM D, PONCE J, et al. Sfnet: Learning object-aware semantic correspondence[C]//Proceedings of the IEEE/CVF Conference on Computer Vision and Pattern Recognition (CVPR). 2019: 2278-2287.

[125] PEI Y, SUN B, LI S. Multifeature selective fusion network for real-time driving scene parsing[J]. IEEE Transactions on Instrumentation and Measurement, 2021, 70: 1-12.

[126] ZHANG Q, JIANG Z, LU Q, et al. Split to be slim: An overlooked redundancy in vanilla convolution[J]. arXiv preprint arXiv:2006.12085, 2020.

[127] LI J, WEN Y, HE L. SCConv: Spatial and channel reconstruction convolution for feature redundancy[C]//Proceedings of the IEEE/CVF Conference on Computer Vision and Pattern Recognition (CVPR). 2023: 6153-6162.

[128] SIMONYAN K, ZISSERMAN A. Very deep convolutional networks for large-scale image recognition[J]. arXiv preprint arXiv:1409.1556, 2014.

[129] TAN M, LE Q V. Mixconv: Mixed depthwise convolutional kernels[J]. arXiv preprint arXiv:1907.09595, 2019.

[130] DENG J, DONG W, SOCHER R, et al. Imagenet: A large-scale hierarchical image database[C]//Proceedings of the IEEE/CVF Conference on Computer Vision and Pattern Recognition (CVPR). 2009: 248-255.

[131] HAO S, ZHOU Y, GUO Y, et al. Real-time semantic segmentation via spatial-detail guided context propagation[J]. IEEE Transactions on Neural Networks and Learning Systems, 2022: 1-12.

[132] SHI M, SHEN J, YI Q, et al. LMFFNet: A well-balanced lightweight network for fast and accurate semantic segmentation[J]. IEEE Transactions on Neural Networks and Learning Systems, 2022: 1-15.

[133] VASWANI A, SHAZEER N, PARMAR N, et al. Attention is all you need[C]// Advances in Neural Information Processing Systems (NIPS). 2017: 5998-6008.

[134] COOLEY J W, TUKEY J W. An algorithm for the machine calculation of complex Fourier series[J]. Mathematics of Computation, 1965, 19(90): 297-301.

[135] ACHARYA T, RAY A K. Image processing: Principles and applications[M]. John Wiley & Sons, 2005.

[136] HU J, SHEN L, SUN G. Squeeze-and-excitation networks[C]//Proceedings of the IEEE/CVF Conference on Computer Vision and Pattern Recognition (CVPR). 2018:

7132-7141.

[137] WOO S, PARK J, LEE J Y, et al. Cbam: Convolutional block attention module[C] //Proceedings of the European Conference on Computer Vision (ECCV). 2018: 3-19.

[138] 郭琪周, 袁春. 基于空间语义信息特征融合的目标检测与分割[J]. 软件学报, 2022.

[139] KUMAAR S, LYU Y, NEX F, et al. Cabinet: Efficient context aggregation network for low-latency semantic segmentation[C]//2021 IEEE International Conference on Robotics and Automation (ICRA). 2021: 13517-13524.

[140] LI X, ZHAO H, HAN L, et al. GFF: Gated fully fusion for semantic segmentation [C]//AAAI Conference on Artificial Intelligence (AAAI). 2020.

[141] RAO Y, ZHAO W, ZHU Z, et al. Global filter networks for image classification[C]// Advances in Neural Information Processing Systems (NIPS): vol. 34. 2021: 980-993.

[142] BO D, PICHAO W, WANG F. AFFormer: Head-free lightweight semantic segmentation with linear transformer[C]//AAAI Conference on Artificial Intelligence (AAAI). 2023.

[143] SRIVASTAVA A, LEE A B, SIMONCELLI E P, et al. On advances in statistical modeling of natural images[J]. Journal of Mathematical Imaging and Vision, 2003, 18: 17-33.

[144] LIU Z, MAO H, WU C Y, et al. A convnet for the 2020s[C]//Proceedings of the IEEE/CVF Conference on Computer Vision and Pattern Recognition (CVPR). 2022: 11966-11976.

[145] LIU Z, LIN Y, CAO Y, et al. Swin transformer: Hierarchical vision transformer using shifted windows[C]//Proceedings of the IEEE/CVF International Conference on Computer Vision (ICCV). 2021: 9992-10002.

[146] XIAO T, LIU Y, ZHOU B, et al. Unified perceptual parsing for scene understanding [C]//Proceedings of the European Conference on Computer Vision (ECCV). 2018: 432-448.

[147] SI H, ZHANG Z, LV F, et al. Real-time semantic segmentation via multiply spatial fusion network[J]. arXiv preprint arXiv:1911.07217, 2019.

[148] ZHAO H, ZHANG Y, LIU S, et al. PSANet: Point-wise spatial attention network for scene parsing[C]//Proceedings of the European Conference on Computer Vision (ECCV). 2018: 270-286.

[149] YU C, WANG J, GAO C, et al. Context prior for scene segmentation[C]// Proceedings of the IEEE/CVF Conference on Computer Vision and Pattern Recognition (CVPR). 2020.

[150] YUAN Y, CHEN X, WANG J. Object-contextual representations for semantic

segmentation[C]//Proceedings of the European Conference on Computer Vision (ECCV). 2020: 173-190.

[151] HOU Q, ZHANG L, CHENG M M, et al. Strip pooling: Rethinking spatial pooling for scene parsing[C]//Proceedings of the IEEE/CVF Conference on Computer Vision and Pattern Recognition (CVPR). 2020: 4002-4011.

[152] YUAN Y, HUANG L, GUO J, et al. Ocnet: Object context network for scene parsing [J]. arXiv preprint arXiv:1809.00916, 2018.

[153] WANG W, ZHOU T, YU F, et al. Exploring cross-image pixel contrast for semantic segmentation[C]//Proceedings of the IEEE/CVF International Conference on Computer Vision (ICCV). 2021.

[154] CHENG B, SCHWING A G, KIRILLOV A. Per-Pixel classification is not all you need for semantic segmentation[C]//Advances in Neural Information Processing Systems (NIPS). 2021.

[155] JIN Z, GONG T, YU D, et al. Mining contextual information beyond image for semantic segmentation[C]//Proceedings of the IEEE/CVF International Conference on Computer Vision (ICCV). 2021.

[156] JIN Z, YU D, YUAN Z, et al. MCIBI++: Soft mining contextual information beyond image for semantic segmentation[J]. IEEE Transactions on Pattern Analysis and Machine Intelligence, 2023, 45(5): 5988-6005.

[157] ZHANG H, DANA K, SHI J, et al. Context encoding for semantic segmentation [C]//Proceedings of the IEEE/CVF Conference on Computer Vision and Pattern Recognition (CVPR). 2018.

[158] DING H, JIANG X, SHUAI B, et al. Semantic correlation promoted shape-variant context for segmentation[C]//Proceedings of the IEEE/CVF Conference on Computer Vision and Pattern Recognition (CVPR). 2019.

[159] LI X, YANG Y, ZHAO Q, et al. Spatial pyramid based graph reasoning for semantic segmentation[C]//Proceedings of the IEEE/CVF Conference on Computer Vision and Pattern Recognition (CVPR). 2020: 8947-8956.

[160] ORHAN E, PITKOW X. Skip connections eliminate singularities[C]//International Conference on Learning Representations (ICLR). 2018.

[161] MARTIN C H, MAHONEY M W. Implicit self-regularization in deep Neural networks: Evidence from random matrix theory and implications for learning[J]. Journal of Machine Learning Research, 2018.

[162] PRAGGASTIS B, BROWN D, MARRERO C O, et al. The SVD of Convolutional weights: A CNN interpretability framework[Z]. 2022. arXiv: 2208.06894 [cs.CV].

[163]　SAXE A M, MCCLELLAND J L, GANGULI S. Exact solutions to the nonlinear dynamics of learning in deep linear neural networks[C]//International Conference on Learning Representations (ICLR). 2014.

[164]　KRIZHEVSKY A, HINTON G, et al. Learning multiple layers of features from tiny images[R]. Toronto, ON, Canada, 2009.

[165]　LI H, XU Z, TAYLOR G, et al. Visualizing the loss landscape of neural nets[C]// Advances in Neural Information Processing Systems (NIPS): vol. 31. 2018.

[166]　HU M, FENG J, HUA J, et al. Online convolutional re-parameterization[C]// Proceedings of the IEEE/CVF Conference on Computer Vision and Pattern Recognition (CVPR). 2022: 568-577.

[167]　PASZKE A, GROSS S, MASSA F, et al. PyTorch: An imperative style, high-performance deep learning library[G]//Advances in Neural Information Processing Systems (NIPS). 2019: 8024-8035.

[168]　LIN T Y, MAIRE M, BELONGIE S J, et al. Microsoft COCO: Common objects in context[C]//Proceedings of the European Conference on Computer Vision (ECCV). 2014.

[169]　GONG K, LIANG X, ZHANG D, et al. Look into person: Self-supervised structure-sensitive learning and a new benchmark for human parsing[C]//Proceedings of the IEEE/CVF Conference on Computer Vision and Pattern Recognition (CVPR). 2017: 932-940.

[170]　WANG P, HUANG X, CHENG X, et al. The apolloscape open dataset for autonomous driving and its application[J]. IEEE Transactions on Pattern Analysis and Machine Intelligence, 2019.

主要符号对照表

名　　称	符　　号
B	batch size，批处理大小
C_{in}	输入通道数，即每个卷积核的通道数
C_{out}	输出通道数，即当前卷积层具有的卷积核个数
CNN	convolutional neural network，卷积神经网络
Conv	convolution，卷积
CPU	central processing unit，中央处理器
downsample	下采样操作
F	中间特征图
FFT	fast Fourier transform，快速傅里叶变换
FLOPs	floating point of operations，浮点运算次数
FPS	frame per second，模型每秒能够处理的图像帧数
GPU	图像处理器，又称图像计算单元
H	height，特征图高度
IFFT	inverse fast Fourier transform，快速傅里叶逆变换
K	卷积核大小
MaxPool	max-pooling，最大池化
mIoU	mean intersection over union，平均交并比
NAS	neural architecture search，神经架构搜索
Padding	卷积过程中的零填充操作
Stride	卷积操作的步长
upsample	上采样操作
W	特征图宽度
X	输入图像

续表

名　　称	符　　号
Y	输出图像
$\mathscr{O}$	计算复杂度
$\mathcal{F}$	快速傅里叶变换
$\mathcal{F}^{-1}$	快速傅里叶逆变换
$\otimes$	卷积运算
$\prod$	连乘